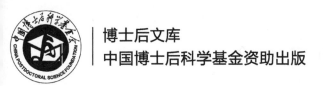

博士后文库
中国博士后科学基金资助出版

# 异质分布稀疏时空数据
# 重构与预测

程诗奋　著

科 学 出 版 社
北 京

# 内 容 简 介

时空数据的异质性与稀疏分布特征制约了数据挖掘算法的实现，显著影响时空数据刻画与分析能力。因此，研究异质分布稀疏时空数据重构与预测方法对于精准刻画地表自然与社会系统具有重要意义。本书通过融合时空统计和机器学习方法，提出了时空缺失数据渐进式插值、稀疏时空数据重构、顾及时空异质性的动态预测等模型。通过这些创新方法，本书为时空数据挖掘领域提供了全新的研究视角和解决方案。

本书可供地理信息科学、环境科学、交通管理和城市规划等领域的研究人员和工程师以及高等院校师生参考阅读。

审图号：GS 京（2025）0762 号

**图书在版编目（CIP）数据**

异质分布稀疏时空数据重构与预测 / 程诗奋著. -- 北京：科学出版社，2025.6. --（博士后文库）. -- ISBN 978-7-03-081678-8

Ⅰ.P208

中国国家版本馆 CIP 数据核字第 2025M6Q126 号

责任编辑：郭允允　谢婉蓉　赵　晶 / 责任校对：郝甜甜
责任印制：徐晓晨 / 封面设计：陈　敬

科学出版社 出版
北京东黄城根北街 16 号
邮政编码：100717
http://www.sciencep.com

北京九州迅驰传媒文化有限公司印刷
科学出版社发行　各地新华书店经销
＊

2025 年 6 月第 一 版　开本：720×1000　1/16
2025 年 9 月第二次印刷　印张：12 3/4
字数：303 000
**定价：128.00 元**
（如有印装质量问题，我社负责调换）

# "博士后文库"编委会

主　任　李静海

副主任　侯建国　李培林　夏文峰

秘书长　夏文峰

编　委（按姓氏笔画排序）

# "博士后文库" 序言

　　1985 年，在李政道先生的倡议和邓小平同志的亲自关怀下，我国建立了博士后制度，同时设立了博士后科学基金。40 年来，在党和国家的高度重视下，在社会各方面的关心和支持下，博士后制度为我国培养了一大批青年高层次创新人才。在这一过程中，博士后科学基金发挥了不可替代的独特作用。

　　博士后科学基金是中国特色博士后制度的重要组成部分，专门用于资助博士后研究人员开展创新探索。博士后科学基金的资助，对正处于独立科研生涯起步阶段的博士后研究人员来说，适逢其时，有利于培养他们独立的科研人格、在选题方面的竞争意识以及负责的精神，是他们独立从事科研工作的"第一桶金"。尽管博士后科学基金资助金额不大，但对博士后青年创新人才的培养和激励作用不可估量。四两拨千斤，博士后科学基金有效地推动了博士后研究人员迅速成长为高水平的研究人才，"小基金发挥了大作用"。

　　在博士后科学基金的资助下，博士后研究人员的优秀学术成果不断涌现。2013年，为提高博士后科学基金的资助效益，中国博士后科学基金会联合科学出版社开展了博士后优秀学术专著出版资助工作，通过专家评审遴选出优秀的博士后学术著作，收入"博士后文库"，由博士后科学基金资助、科学出版社出版。我们希望，借此打造专属于博士后学术创新的旗舰图书品牌，激励博士后研究人员潜心科研，扎实治学，提升博士后优秀学术成果的社会影响力。

　　2015 年，国务院办公厅印发了《关于改革完善博士后制度的意见》（国办发〔2015〕87 号），将"实施自然科学、人文社会科学优秀博士后论著出版支持计划"作为"十三五"期间博士后工作的重要内容和提升博士后研究人员培养质量的重要手段，这更加凸显了出版资助工作的意义。我相信，我们提供的这个出版资助平台将对博士后研究人员激发创新智慧、凝聚创新力量发挥独特的作用，促使博士后研究人员的创新成果更好地服务于创新驱动发展战略和创新型国家的建设。

　　祝愿广大博士后研究人员在博士后科学基金的资助下早日成长为栋梁之才，为实现中华民族伟大复兴的中国梦做出更大的贡献。

中国博士后科学基金会理事长

# 前　言

时空数据挖掘一直是地理信息科学的核心研究主题，提高时空分析与建模能力，对于深入理解社会过程和地理现象具有重要的理论价值与实践意义。随着地理时空数据的爆炸性增长，时空知识发现的需求更加迫切，推动着时空数据挖掘技术不断发展。然而，数据分布的稀疏性与时空分析粒度的精细化存在永恒的矛盾，时空数据稀疏分布依然是当前地理空间大数据挖掘面临的普遍问题，对地表自然与社会系统精准刻画和预测具有重要影响。此外，时空数据具有空间异质性和时间非平稳性的本质特征，常规的统计和机器学习方法通常难以全面刻画这些时空特征，从而极大地限制了时空数据建模能力。

本书针对时空数据的异质性和稀疏分布特征对数据挖掘方法的制约，提出了一系列创新性方法，包括时空缺失数据渐进式插值、稀疏时空数据重构，以及顾及时空异质性的动态预测模型，力图突破异质稀疏分布的陆表系统要素时空数据表达与推断的理论瓶颈。本书研究成果大幅度提升了地理时空分析所需时空数据的粒度与完备性，降低了地理时空分析对输入数据的质量约束，提高了地理时空分析模型的易用性、鲁棒性和泛化能力。这些研究不仅深化了对自然与人文要素时空分异规律及其相互作用关系的理解，也为智慧城市建设、环境监测、交通管理与出行服务等领域提供了重要的技术参考。

本书共分为 8 章。第 1 章阐述了本书的研究背景和研究意义，重点分析和总结与本书密切相关的国内外相关研究，提出所要解决的关键科学问题。第 2～7 章为本书的主体章节，以时空数据挖掘的基本流程为主线，围绕时空数据缺失插值、时空数据稀疏重构、时空数据预测各个环节面临的系列瓶颈问题开展研究。其中，第 2 章研究时空异质性和缺失模式对插值模型的作用机理，提出时空缺失数据的渐进式插值方法；第 3 章研究模型集成过程空间异质性的精确表达，提出顾及空间异质性的集成空间推断方法；第 4 章实现模型的稀疏重构精度和易用性之间的均衡，提出轻量级稀疏时空数据重构方法；第 5 章研究空间异质性和时间非平稳性的统一表达，提出顾及时空异质性的动态预测模型；第 6 章解决全局时空相关性和时空异质性之间的矛盾，提出基于多任务多视图的时空预测模型；第 7 章解决复杂时空预测模型中难以兼顾预测精度及可解释之间均衡的问题，提出可解释的时空注意力神经常微分方程预测模型。第 8 章总结全书的研究工作，并展望和探讨未来值得深入研究的工作。

　　本书在研究与撰写过程中，得到了众多学者与同仁的鼎力支持。在此，特别感谢陆锋研究员的长期悉心指导与全力支持。陆老师深厚的学术造诣和严谨的科研态度对本书的顺利完成起到了决定性作用。同时，感谢周成虎院士、苏奋振研究员、裴韬研究员、葛咏研究员、马廷研究员、杜云艳研究员、秦承志研究员、方志祥教授、唐炉亮教授、乐阳教授、关庆锋教授、陈崇成教授等领域专家在本书内容的完善过程中提供的宝贵建议和帮助。此外，还要感谢张恒才、刘希亮、余丽、仇培元、刘康、彭澎、李明晓、米春蕾、王培晓、黄宗财、王佳欣、高嘉良、张贝贝、徐阳、王苊梓、初晨、丛琳、谢晓苇、於佳宁、赵一博、罗霄月、王立增、陈佳正、张文晖等团队成员的共同努力与支持。本书的研究工作得到了国家自然科学基金青年科学基金项目、国家自然科学基金面上项目、中国科学院地理科学与资源研究所"可桢-秉维青年人才"计划项目、中国科学院特别研究助理资助项目、中国博士后科学基金特别资助项目和中国博士后科学基金面上资助项目的大力支持。在此，谨向所有帮助本书完成的单位和个人致以诚挚的感谢。

　　由于作者水平有限，书中难免存在疏漏和不足，恳请广大读者批评指正。希望本书能够为时空数据挖掘领域的学术研究和实践应用提供有益的参考，推动该领域的进一步发展。

程诗奋

2024 年 9 月 13 日

# 目　　录

# 第1章 绪 论

## 1.1 研究背景和意义

随着传感器网络、移动定位技术的不断普及和发展，数据采集与计算单元的外延不断扩展，地球科学经历了一场从数据贫乏领域到数据丰富领域的重大革命（李德仁和邵振峰，2009；周成虎等，2011）。这些数据在时间和空间维度不断增长，从而产生了海量的时空数据。这些不断泛化的时空数据蕴含着丰富的信息，对时空知识发现提出了迫切的需求，从而催生了时空数据挖掘技术的不断普及和发展（王劲峰等，2014；陆锋和张恒才，2014；刘瑜等，2014；李清泉和李德仁，2014；Shekhar et al.，2015；李德仁，2016；Atluri et al.，2018；Karpatne et al.，2019；Liu and Biljecki，2022）。

时空数据挖掘旨在从海量的时空数据中发现之前未知，但潜在有用的知识、结构、关系或模式（吉根林和赵斌，2014；李德仁等，2014），为决策和预测提供支持。时空数据挖掘通常可以粗略地分为三个类别：空间数据挖掘、时间数据挖掘和时空数据挖掘（Atluri et al.，2018）。空间数据挖掘和时间数据挖掘是指分别对空间相关性（如空间自相关）和时间相关性（如时间自相关）进行量化，来学习和发现未知的知识或模式。而时空数据挖掘通常在建模过程中同时考虑空间和时间信息，还经常考虑时空数据的其他属性，如空间异质性、时间非平稳性等。根据研究问题的不同，时空数据挖掘可以分为6类：时空聚类（Caiado and Crato，2007；Feng et al.，2015）、时空预测（Pace et al.，1998；Ginsberg et al.，2009；Yu et al.，2016a）、变化检测（Grundmann et al.，2010；Zhou et al.，2011，2014；Chen et al.，2013）、频繁模式挖掘（Zhang et al.，2003；Angulo et al.，2008；Kawale et al.，2012）、异常检测（Lu et al.，2003；Shekhar et al.，2003；Liu et al.，2014；McGuire et al.，2014）、关系挖掘（Handwerker et al.，2012；Yang and DelSole，2012；Eichler，2013；Lu et al.，2016）。完整的时空数据挖掘过程如图 1-1 所示，给定一个时空数据集，首先需要进行数据的预处理工作，包括去除噪声、填补缺失数据以及针对稀疏性进行建模（Shekhar et al.，2015）。在此基础上，选用合适的时空数据挖掘算法来挖掘预处理后的时空数据并输出时空模式，输出的时空模式由领域科学家进行解释，发现新的知识并进一步改进时空数据挖掘算法。最后，利用时空数据挖掘过程中建立的若干个方法以及输出的模式，服务于实际应用。时空数据挖掘算法通常采用时空统计模型和机器学习方法来实现。输出的时空模式根据研究问题的不同可分为时空聚类、时空预测、时空异常检测、频繁模式挖掘等（赵彬彬等，2010；刘大有等，2013；裴韬等，2019）。

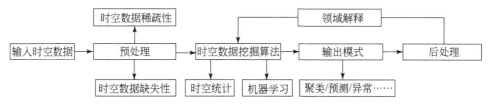

图 1-1　时空数据的挖掘过程

　　时空数据的缺失和稀疏分布是普遍存在的现象（Yao and Huang，2023）。模型的插值和重构精度以及易用性对后续的时空挖掘过程具有重要的影响。时空数据插值是偶发性缺失数据的推断过程。现有的时空插值方法考虑了时空异质性（Deng et al.，2016），然而由于未考虑时空数据的缺失模式、插值样本的高效选择、时间和空间的非线性交互关系，影响了时空插值算法精度。时空数据的稀疏重构是系统性的数据加密或重采样过程，当前存在多种解决方案解决数据的稀疏性问题（Thiagarajan et al.，2009；Asif et al.，2016；Chen et al.，2017）。现有复杂的统计和机器学习方法通过考虑时空依赖性提高了稀疏重构精度，但模型求解复杂，通常难以部署。轻量级的模型易于构建，但无法捕获地理空间数据的时空依赖性，重构精度有限。时空数据挖掘算法通常具有统计基础，受到时空自相关性和时空异质性的统计约束（邓敏等，2020），现有的统计和机器学习方法通常难以全面地描述时空自相关性和时空异质性，导致难以获取细粒度的时间非平稳性变化特征及复杂地理过程的周期性和趋势性。此外，时空异质性导致的局部模型结构无法描述预测任务之间的全局时空相关性，并且使得预测模型丧失了全局预测能力。预测模型的参数优化同样也存在问题，从而极大地限制了时空数据建模能力。

　　可以看到，在时空数据挖掘过程的几个关键环节，现有方法均存在一些不足。因此有必要探索新的建模方法，以提升现有时空数据模型的学习能力、预测精度以及应用价值。鉴于此，本书以时空统计作为切入点，以异质稀疏分布地理空间数据建模方法作为研究主题，通过时空统计与机器学习方法的融合，提出了四个不同的模型，解决了现有时空建模方法存在的多个问题，并综合利用真实的区域与城市地理空间大数据，对所提出的模型方法进行了有效验证，提升了时空数据建模的质量与应用价值。

# 1.2　国内外研究现状

## 1.2.1　时空数据的统计基础

时空统计提供了一个对时空数据进行探索性分析和推断的理论框架,是时空数据建模的基础。与经典的数据挖掘中研究的数据不同(Larose,2005),时空数据具有时空自相关和时空异质性的本质特性(Shekhar et al.,2015;Atluri et al.,2018;Ermagun and Levinson,2018)。正是时空数据存在的这两种复杂的时空特性以及它们之间的交互,导致现有的时空数据挖掘存在诸多挑战(Karpatne et al.,2019)。

### 1. 时空自相关性

由于地理现象发生在时空范围,无论在时间上还是在空间上,邻近的事物通常比遥远的事物更相关(Tobler,1979)。以交通数据为例,在空间维度,路段的交通状况受其上下游路段交通状况的影响(Chandra and Al-Deek,2009);在时间维度,路段的交通状况和邻近历史时刻的交通状况更相似,这种现象称为时空依赖性或时空自相关性(刘康,2018)。时空数据的这种固有属性使得传统的基于样本的独立同分布假设的数据挖掘方法难以直接应用于时空数据,可能产生不精确和不可解释的预测结果(Jiang et al.,2015;Mueller et al.,2017)。例如,当对空间数据直接采用传统的线性回归模型时,残差通常是相关而不是独立同分布的。因此,在分析时空数据时,需要考虑观测数据之间的自相关结构(Jiang et al.,2015)。

在统计学中,对时空依赖性的度量通常采用自相关分析,其度量指标大多是基于皮尔逊相关系数的扩展(Cheng et al.,2012)。在空间维度,Moran 指数(Moran,1950)和 Geary 指数(Geary,1954)应用广泛。然而,这两个指数没有考虑时间维度的信息,无法抓取相关性的动态属性。在时间维度,可以简单地修改皮尔逊相关系数,度量一个变量与其自身的滞后变量的相关性,但无法确定空间自相关的聚集特性。因此,业界提出了多个指标来度量时空自相关性。例如,时空变异函数(Griffith and Heuvelink,2012)、时空特征向量滤波(Griffith,2010)、时空自相关函数(Pfeifer et al.,1980)、互相关函数(Yue and Yeh,2008)等。其中,时空自相关函数主要用于度量全局自相关性,而互相关函数用于度量局部自相关性。

### 2. 时空异质性

由于地理现象在不同地理位置存在显著差异且随时间动态变化，因此，除了时空自相关性，时空数据的另一个重要特性是时空异质性，即时空数据的统计特征（均值、方差和协方差）在整个空间和整个时间范围内并不遵循相同的分布，表现出明显的空间异质性和时间非平稳性（王佳璆，2008；Shekhar et al.，2015；Atluri et al.，2018）。

空间异质性主要反映在两个方面，包括空间非平稳性和空间各向异性。空间非平稳性意味着样本的分布在不同的局部区域是变化的（吴森森，2018）。例如，在道路网络中，不同城市甚至不同类型的路段的交通模式存在显著的差异（邹海翔等，2015；张希瑞等，2015）。空间各向异性意味着样本位置之间的空间依赖性在不同方向上不均匀。例如，相同路段的不同方向的交通模式表现出独特的模式（刘康等，2014，2017）。从不同的观测尺度上，空间异质性可划分为全局异质性、分层异质性和局域异质性，不同类型的空间异质性需要以不同的方式应对（Ge et al.，2019）。传统的统计和机器学习模型在处理时空数据时通常假定空间依赖是平稳性以及各向同性的，使得样本的统计属性不随位置变化以及在任意两个位置的统计属性（例如协方差）只依赖于它们之间的相对距离而与方向无关，如时空自相关整合移动平均模型（STARIMA）（Duan et al.，2016）和时空 K 近邻模型（STKNN）（Cai et al.，2016）。这些假设可以极大地简化模型的结构，但可能导致从整个研究区域学习的模型在某些局部区域表现不佳。

时间非平稳性表明在整个研究区域样本的分布是随时间动态变化的。例如，卫星影像对地面某一地点的植被进行观测，由于季节循环的存在，在时间上存在周期模式。因此，冬季的观测与夏季的观测分布明显不同（Atluri et al.，2018）。在道路网络，交通状况在时间上具有非线性和非平稳性变化特征（Stathopoulos and Karlaftis，2003；Armstrong，2006；Vlahogianni et al.，2006，2007）。时间非平稳性主要体现在两个方面：一方面，在不同的时间区间，即便是相同的地理单元也具有不同的变化模式（Asif et al.，2014），以道路交通为例，在峰值区间路段的相关性强度要高于平峰区间；在拥堵条件下，时空邻居的影响范围比自由流条件下小（Cheng et al.，2012）。另一方面，由于时空自相关的影响，路段当前时刻的交通状况和邻近历史时间间隔的交通状况相似。同时，路段的交通状况存在多种变化模式，某些路段的交通状况会日复一日重复，使得道路网络的交通状况存在明显的周期性。另外，路段的交通状况受到外界条件如天气变化、交通管控等因素的影响，呈现趋势性的上扬和下降过程。这种复杂的时空交互过程难以用简单的时间序列或时空邻近矩阵来刻画（Zhang et al.，2016，2018）。因此，这对传统的时空建模方法带来了挑战，因为不能对所有时间步都采用统一的模型。解决这一挑战往往需要设计时空动态模型。

综上分析可以看到，时空异质性的存在使得在整个时间和空间范围内构建数据挖掘模型很困难。因此，需要构建对位置或时间敏感的局部或区域模型的组合，来代替单个全局模型，以适应时空变化的演化过程。

## 1.2.2 缺失时空数据插值

在现实世界中，时空数据缺失的现象极其普遍，如设备故障导致空气质量监测传感器读数的缺失等。如果无法精确地填补这些缺失数据，会给后续的时空分析与建模带来很多不利的影响，甚至会引发人们做出不合理的推断和假设（Deng et al.，2016）。如果只是删除含有缺失数据的记录，将会导致原始数据的信息丢失，造成数据资源的浪费（Gao et al.，2015）。因此，如何对缺失数据进行精确插值，是时空数据分析领域亟须解决的问题。

在过去几十年，业界提出了大量插值方法来解决时空数据缺失的问题（Yue and Wang，2010；Londhe et al.，2015；Durán-Rosal et al.，2016；Tak et al.，2016；Tonini et al.，2016；Ordóñez Galán et al.，2017）。这些方法可以粗略地分为三大类：空间插值方法、时间插值方法、时空插值方法。

空间插值方法主要考虑数据之间的空间相关性来实现缺失数据插值。传统的方法如反距离权重（IDW）算法简单地假设数据分布服从地理学第一定律，即数据在空间分布越接近，其对缺失数据插值贡献的权重越大（Lu and Wong，2008；Karydas et al.，2009）。通过计算缺失数据站点与周围站点的反距离来计算权重，从而得到插值结果，并且在插值过程中假设各站点之间相互独立（Bartier and Keller，1996）。但受地理环境的影响，不同的研究区域存在差异性（Lu et al.，2018），因此单纯考虑空间距离来构造空间插值权重，难以获得精确的结果（樊子德等，2016a）。Kriging 方法是一种具有最小均方误差的线性回归方法，它不再将各站点独立对待，而是考虑其空间自相关性，在整个插值过程中假设样本具有一致的均值和方差（Pesquer et al.，2011；Bhattacharjee et al.，2014），即满足时空二阶平稳性，并且两时空点之间的协方差只与时空距离有关，与时空绝对位置无关（王劲峰等，2014）。但由于时空异质性的存在，时空数据的分布根据其所在区域不同呈现不均等的分布特征和相互关系（Zhu，2013），因此在某些情况下，如果数据分布不均匀，则难以获得满意的插值结果。为了解决这一问题，相关学者提出多种考虑空间自相关性和空间异质性的模型。例如，Zhu 等（2006a）利用层次贝叶斯模型，在不同层次估计模型参数，以捕获参数平均估计中难以解释的方差。Xu 等（2013）提出 BSHADE 点估计模型（PBSHADE）用于气温数据集插值。该算法从

BSHADE 算法（Hu et al.，2013）发展而来，通过计算观测站点之间的协方差和观测站点与插值站点之间的相关系数，并引入站点之间的期望比，来得到一个最优线性无偏估计值。Wang 等（2013）提出三明治插值模型，通过对象层、分区层以及报告层之间的信息传递函数，实现考虑空间异质性的插值。颜金彪等（2020）提出一种考虑空间异质性的自适应反距离加权插值方法，首先根据样本的统计特征对数据进行分类；其次基于 K 邻近法确定待插值点的类别；然后，通过对不同类别的一阶邻近样本分配空间异质的权重调和因子实现未知点的插值。Gao 等（2020）提出考虑分层异质性的表面点均值估计方法，将研究区划分为多个地层后分别构建各个地层的半变异函数，并通过地层之间的半变异函数表达层间关联，实现对未知点的最优线性无偏估计。在此基础之上，Luo 等（2023）提出广义异质性模型，认为地层之间存在过渡区域，识别出地层的边界区域并将其他地层的观测样本归并为多个空间单元后引入面到面回归克里格法，表达层内边界区域与其他地层的空间关联，实现局域异质性和分层异质性的统一表达。以上模型主要基于观测样本的空间依赖关系实现空间插值，考虑到在模型中加入与插值目标相关的协变量有助于提高插值精度，业界提出多种多变量空间插值方法。例如，Yang 等（2019）通过分层贝叶斯框架融合空间变系数模型的局域空间异质性信息和地理探测器的区域趋势，实现滑坡风险制图。Comber 等（2024）提出一种基于地理高斯过程的广义加性模型，该模型通过空间坐标参数化高斯过程样条函数来适应空间非平稳关系，实现考虑空间异质性的多变量空间插值。Liu 等（2024）将统计与几何策略结合，提出基于杨赤中滤波的多变量空间插值法。该方法通过空间卷积拟合各点与其空间邻居的自相关关系并适应二阶非平稳过程，通过协方差量化不同变量间的互相关结构，实现多变量空间插值。考虑到时空数据的复杂特性难以被传统的统计模型准确描述，顾及空间异质性的机器学习插值模型得到广泛关注。例如，Behrens 等（2018）提出耦合欧氏距离场的机器学习模型并应用于土壤属性插值。该模型将空间坐标、目标点到研究区边框角及中心的距离作为协变量加入机器学习模型，相比普通机器学习模型精度得到显著提高。类似地，Hengl 等（2018）提出随机森林空间预测（RFSP）模型，将样点的缓冲距离作为随机森林的输入；Sekulić 等（2020）提出随机森林空间插值（RFSI）模型，将目标点的目标值及其与邻近样本的距离同时作为随机森林的输入。Wang 等（2020a）利用空间聚类算法进行空间划分后，将聚类的类别属性与其他环境因子共同输入集成学习模型，实现考虑分层异质性的滑坡易发性制图。区别于以上将空间特征输入模型实现空间自相关和空间异质性表征的方法，Georganos 等（2021）提出地理随机森林，通过训练多个局部的随机森林应对空间非平稳性，显著提高了插值精度。Guo 等（2023）提出一种基于优化的空间分区模型实现研究区的自适应分层，并在各个子区域内构建回归模型，实现分层多变量空间插值。Broeg 等（2024）提出局部集成模型用于土壤有机碳插值。该模型通过移动窗口对多个局部模型进行聚合生成新变量，输入一个全局随机森林模型，实现大尺度土壤有机碳插值。然而，以上方法均未考虑时间维度的异质性。

时间数据插值方法则利用时间序列预测方法对缺失数据进行插值。两个代表性的方法包括简单指数平滑（SES）算法（Gardner Jr，2006）和自回归整合移动平均模型（ARIMA）（Yozgatligil et al.，2013）。这些方法假设在一定的时间范围内，数据之间可以保持一致的相似性，即观测数据与缺失数据之间时间越接近，其相关性越大（Gao et al.，2015）。然而，许多插值模型没有充分利用数据的时空特性，使得插值性能不佳。更重要的是，如果数据中存在连续的缺失，则插值方法通常无法实现完全修复缺失数据（Li et al.，2013）。

考虑到单维度插值方法在时空数据插值过程中只考虑了空间或者时间维度信息，难以达到满意的插值效果，近年来一些学者将单维度插值方法扩展到时空维度，产生了一系列的时空缺失数据插值方法，如时空反距离加权（ST-IDW）模型、时空克里金（ST-Kriging）模型、顾及时空异质性的插值（ST-HC）模型（Li et al.，2013；Gao et al.，2015；Holland et al.，2015；Deng et al.，2016；Qi et al.，2016；Ran et al.，2016；Tonini et al.，2016）。ST-IDW 模型（Reynolds，1988；Li et al.，2014）定义一个三维的时空距离来评估缺失数据，但 IDW 方法本身存在的问题，使得该方法的应用受限，并且无法得到无偏估计值。ST-Kriging 方法（Bhattacharjee et al.，2014）使用协方差函数进行插值估计，但其同样未考虑时空异质性对插值结果的影响。为了解决这些问题，业界提出了 ST-HC 方法（Deng et al.，2016）。它是 PBSHADE 方法的一个扩展，通过考虑时间异质性并融合空间异质性对缺失数据进行估计。该方法首先对缺失数据集进行时空分区，然后在缺失数据所在分区中选择若干个相关性最大的空间周围采样数据和时间周围采样数据，按照 PBSHADE 方法计算出空间贡献权重和时间贡献权重，分别得到空间维度和时间维度的插值结果。最后，利用相关系数确定时空权重，融合时间和空间估计值得到缺失数据的最终估计结果（樊子德等，2016b）。但该方法在计算时空维度的插值结果时，需要整个数据集参与计算，导致计算复杂度很高。例如，当数据集中时间跨度很大，包含 $N$ 维空间序列，则每个缺失数据插值时需要计算 $N^2$ 协方差和相关系数。更重要的是，每个缺失数据选取的样本数据中会包含大量冗余的数据，降低了缺失数据的插值精度。Wang 等（2021a）提出一种时空异质克里金模型（HSTCAK）。HSTCAK 模型通过聚类算法实现时空分区后，在不同的时空子区域分别拟合时空协方差函数，构建分层异质的时空克里金模型，实现对未知点的无偏估计。阳洁等（2023）将杨赤中滤波法拓展到时空维度，提出基于杨赤中滤波的时空数据插值方法。该方法首先通过在时间和空间维度上的逐遍滤波，构建时空维度的基本变化函数；然后基于时空积和模型耦合时间和空间维度的特征，构建表征时空自相关结构的时空基本变化函数；最后基于时空基本变化函数，实现对未知点的最优线性无偏估计。考虑到复杂的时空非线性关系，机器学习方法也被拓展到时空插值领域。例如，Ma 等（2019）提出一种地理长短期记忆神经网络（Geo-LSTM）用于 $PM_{2.5}$ 插值。该方法首先利用滚动窗口法构建耦合空间信息的时间序列样本；然后将构建好的样本输入网络中的地理层和 LSTM 层捕捉 $PM_{2.5}$ 的空间相关性和长期依赖性；最后通过全连接层整合时间和空间维度的信息，实现对目标点 $PM_{2.5}$ 的插值。Li 等（2021a）提出一种包括"编码器-解码器"和全残差深度网络结构的模型用于时空插值。该方法通过将空间坐标及其派生变量、多尺度时间变量以及时空变异的气象变量输入模型，实现对时空自相关和异质性的表征。吕文婷（2022）提出时空自回归神经网络插值方法，通过神经网络将时间距离和空间距离映射为时空权重表达时空自相关特征，实现单变量时空插值。Masrur 等（2022）提出一种可解释的时空随机森林模型（iST-RF）。iST-RF 对随机森林中不同决策树的样本采样范围和集成过程施加时空约束，不同的决策树利用不同时空局部的样本进行训练，并在决策树的集成过程中根据时空邻近关系耦合多棵决策树。Chen 和 Li（2024）提出时空堆叠集成学习模型。该模型首先使用邻近法选择缺失值的时空邻居，并分别在时间和空间维度利用 PBSHADE 方法进行插值；然后以时间和空间维度的插值结果以及其他环境因子为输入，构建以随机森林、XGBoost 和支持向量机为基学习器，以弹性网络为元学习器的堆叠集成模型，实现最终插值。与统计方法相比，基于机器学习的方法在许多场景下取得了更高的精度。

此外，缺失数据的插值方法进一步受到时空数据缺失模式的挑战（Li et al.，2004；Qu et al.，2009）。时空数据由于各种原因可能存在多种缺失模式（Kong et al.，2014；Yi et al.，2016）。如果不考虑时空数据的缺失模式，直接采用现有的时空插值方法会降低插值精度。有些情况下甚至无法完全修复缺失数据。例如，PBSHADE 方法在数据连续缺失的情况下，会导致缺失数据矩阵在求解过程中出现奇异值甚至无法求解的问题，从而产生较大的插值误差。此外，现有的时空插值方法需要同时整合时间和空间维度的插值结果得到缺失数据最终的估计值。现有的方法通常假设时空数据之间存在线性关系，如 ST-HC、ST-IDW 和 ST-Kriging。然而，由于地理过程复杂的非线性特点，非线性的整合策略已经被证明更适用于表达时空依赖性。因此，需要在插值过程中采用新的时空数据整合策略。

## 1.2.3　稀疏时空数据重构

尽管数据规模的逐渐扩大使得时空数据分析的输入信息越来越丰富，分析结果也相应地更加准确，然而数据的稀疏分布与时空分析粒度的逐渐精细化存在永恒的矛盾（陆锋等，2014；刘希亮，2015）。时空数据的稀疏分布依然是当前地理空间大数据采集与挖掘面临的普遍问题（Zheng et al.，2014a）。

时空数据的稀疏分布是系统性的缺失过程，有多种原因会导致数据的稀疏性问题。以城市交通数据为例，现有交通数据的获取方式主要分为两种：固定感知和移动感知。所谓固定感知，是指利用线圈检测器、监测相机来对城市路网进行持续观测，以获取道路网络的交通运行状态，如路段的速度、流量（唐炉亮等，2016，2019）。线圈传感器由于其设备昂贵，主要布设在城市主路（如高速公路），因而无法实现整个城市的覆盖，无法获取较低级别的路段的交通状况数据，从而导致数据稀疏性的问题（Herring et al.，2010；Zou et al.，2012）。监测相机被广泛布设在城市区域，但多为社会治安用途。有限的交通管理监测相机也主要是用于交通违法拍摄，缺乏有效的交通信息视频提取手段。移动感知的方式是指利用装有全球导航卫星系统（global navigation satellite system，GNSS）的车辆/乘车人手机的轨迹数据，即浮动车数据（floating car data）来提取其中蕴含的城市交通信息，用于城市交通分析。相比于线圈传感器和监控摄像头的方法，基于浮动车数据的交通监控方法具有更高的灵活性且花费更低。然而，这些数据的覆盖范围主要取决于车辆的分布，这种分布可能会随着时间的推移而变化，并且在一个时间范围内是有偏的，因此依然存在数据稀疏性的问题（郑宇，2015）。例如，在某个时段内，许多路段未获取任何装备 GNSS 的车辆轨迹信息（Deng et al.，2018a）。针对时空数据面临的稀疏性问题，存在多种解决方法，包括贝叶斯分解方法（Chen et al.，2019a；Chen et al.，2021）、矩阵分解（Lee and Seung，1999；Qu et al.，2008；Tan et al.，2013）、张量分解（Bader and Kolda，2007；Chen et al.，2019b；Zhao et al.，2023）、半监督学习（Reed et al.，2015）、基于插值的算法（Sun et al.，2017；Bae et al.，2018）等。

矩阵分解的基本原理是将矩阵分解为两个或三个低秩矩阵，利用这些低秩矩阵来近似原始的矩阵（Choi，2008）。常用的分解方法包括 LU 分解、QR 分解、奇异值（SVD）分解以及非负矩阵分解（Wang et al.，2021b）。通常情况下，由于数据稀疏性的存在，直接分解原始的矩阵很难获得精确的结果。因此，常用的做法是在分解过程中引入从其他数据源获取的带有特定语义的上下文信息（Cai et al.，2018；Said and Erradi，2021）。例如，Shang 等（2014）考虑到城市路网许多路段的通行速度数据稀疏问题，采用基于上下文的矩阵分解方法实现了对整个城市范围内交通速度的推断。其中，上下文信息包括路段的特征、兴趣点（POI）特征、全局位置特征组成的自然属性特征矩阵，以及从历史轨迹数据中抽取粗细粒度的交通模式特征，来辅助矩阵的分解。采用类似的方法，Zheng 等（2010）引入 POI 特征矩阵和活动相关矩阵，实现了基于位置的活动推荐和基于活动的位置推荐。Wang 等（2021b）考虑道路连接性、土地利用属性以及道路等级等因素，构建空间特征相似性矩阵，约束矩阵分解的过程。张量分解的方法是矩阵分解方法的扩展，通过构建稀疏值与观测值之间的时空关系，将矩阵分解方法从二维扩展到多维，进一步提取数据中潜在的模式相关性（如链接模式、周模式、日模式和小时模式）。一个张量通常包括三个维度，可以分解为矩阵或向量的乘法。常用的分解方法包括 PARAFAC 分解（Bro，1997）和 Tucker 分解（Kolda and Bader，2009）。PARAFAC 分解将一个张量分解为三个向量的一系列乘法的和；Tucker 分解用三个矩阵和一个核心张量的乘法近似表示一个张量。在处理稀疏张量时，同样可以引入上下文信息。例如，Wang 等（2014）利用三维张量来表示不同时间间隔不同路段不同司机的通行时间，对应张量的三个维度。同时，利用道路网络和轨迹数据，抽取路段的地理属性特征、POI 特征以及交通模式特征，构建特征矩阵来实现稀疏数据的张量分解，从而推断出任意路段的通行时间。Shao 和 Chen（2018）将交通流量数据构建为张量，并引入签到数据和 POI 数据的城市地理标记数据，提升稀疏交通流量数据补全的性能。Huang 等（2022）利用三维张量表示不同路段不同时间间隔不同拥堵水平，将道路交叉口周围的 POI 作为影响路段行驶时间的重要因素，构建特征矩阵耦合张量分解过程，从而预测任意道路的通行时间。Zhao 等（2023）引入交通流模式的相似程度作为空间约束矩阵，以增强张量补全模型对复杂城市场景的适应性。类似的研究包括基于张量的位置活动推荐（Zheng，2015）、城市噪声的稀疏建模（Zheng et al.，2014b）、基于张量的出行模式分析（Cao et al.，2020）。基于矩阵（张量）分解的方法在处理稀疏数据问题时，目标函数的构建原则是使分解后的结果与张量中现有项的值相乘的误差最小，然后采用梯度下降算法进行求解，并通过引入上下文信息的方式，约束矩阵（张量）分解的过程，进而提升稀疏数据补全的精度。由于时空数据的规模巨大，训练过程的计算开销通常很大（张宁豫，2017）。并且，基于上下文的张量分解方法，严重依赖外部数据源，如道路网络、轨迹数据以及 POI 数据等，在某些资源受限的情况下，该方法难以得到广泛的应用。

半监督学习利用部分标记样本和大量未标记样本一起学习来解决稀疏数据建模问题。常用的方法包括自训练和协同训练。自训练方法首先利用标记样本训练模型，然后对未标记样本进行预测，选出置信度最高的样本加入到训练集，通过不停地迭代来增强模型的泛化能力。协同训练是另一种半监督的学习算法，通过迭代利用已存在的标注样本构建的模型来标注未标注的样本（Blum and Mitchell，1998）。例如，Wang 等（2022a）构建时空邻近图序列、时空日周期图序列、时空周周期图序列来刻画交通流在不同视角下的时空依赖关系，分别通过前向和后向传播两种方式，捕捉上下文信息对缺失数据的影响，从而实现对缺失交通流的补全。Deng 等（2023）采用多视图学习和交叉视图融合的方式，在特征和输出级别上建立不同视图空间之间的消息通道，以最大限度地利用观测值来推断缺失的交通数据。协同训练方法也被大量应用于遥感影像分类问题上（Hong and Zhu，2015）。半监督学习的好处在于可以自动对样本进行标注，不需要人工干预。但是面对海量的时空数据时，由于模型在每次迭代过程中都需要重新训练，其计算成本是相当大的，使得其易用性受到了限制。另外，该方法严重依赖高精度的预测模型。例如，如果一个模型预测出的高置信度的样本仍然具有很大的误差，增加到训练样本中反而会降低模型的预测性能。

　　基于空间和时空的统计算法，如 PBSHADE、ST-HC，主要是将时空数据转化为矩阵来表示，然后利用现有的插值技术来推断时空矩阵中的缺失值，以解决数据的稀疏问题。这些方法通常从不同的视角考虑地理空间数据的时空依赖性，并取得了一定的效果。例如，Kriging 使用变异函数或协方差函数进行插值估计，构建一个半变异函数来描述观察到的样本之间的空间相关性。PBSHADE 引入样本之间的期望比来量化空间异质性。ST-HC 通过加入对空间和时间依赖的建模来增强现有的 PBSHADE 模型，这种扩展主要是通过将传统的空间相关性引入到时间维度，并且通过更高阶的残差网络进行处理。然而，这些模型求解复杂，限制了推广应用。例如，Kriging 在插值过程中需要同步整合局部和全局信息，计算需求随观测样本的增加而显著增加（Wentz et al.，2010）。PBSHADE 算法在求解过程中，考虑空间异质性的存在，需要计算观测样本之间的协方差以及观测样本与插值样本之间的相关系数，并引入样本之间的期望比，最后将候选样本的权重求解问题转化为带约束的拉格朗日优化问题来得到最优的无偏估计值。由于需要对空间中每个样本执行该操作，该方法的计算开销随着空间样本数目的增加而增加。ST-HC 分别在时间维度和空间维度执行 PBSHADE 算法，因此进一步增加了时间维度的计算开销，导致其难以部署。高精度曲面模型（HASM）也存在类似的问题，在求解曲面建模问题时，需要采用迭代法求解偏微分方程组，使得 HASM 的计算速度较慢（Yue et al.，2007）。尽管目前存在大量的基于单一方法的稀疏时空数据重构策略，有效提高了模型的数据重构能力和应用价值。然而，任何单一方法在表达时空依赖性方面都有自身的优势和劣势，因此，多模型融合和集成学习成为一种流行的建模范式（Tang et al.，2018；Wan et al.，2018；Wang et al.，2020a；Wu et al.，2021）。基于集成学习的方式是通过使用另一学习器来学习如何最佳地组合来自多个基学习器的输出而得到更好的结果，对于时空建模问题，通常采用线性和非线性来耦合时空交互关系的方式实现集成学习（Wang and Armstrong，2009；Wentz et al.，2010）。例如，Qin 等（2019）采用岭回归来整合三个矩阵的插值结果。Li 等（2019a）利用线性回归来整合数据驱动算法和协同过滤技术，以实现时空数据的重构。Feng 等（2020）将多源数据整合到集成学习中，利用XGBoost、K 近邻模型、前反馈神经网络算法作为基学习器，采用线性回归作为集成策略来估算每小时连续地面 $PM_{2.5}$ 浓度。Wang 等（2020a）利用 Logistic 回归将支持向量机、人工神经网络和梯度增强决策树集成起来，实现滑坡易感性制图。上述研究在设计集成策略时通常假设整个研究区域的样本服从独立同分布，采用全局固定的统计或机器学习模型来拟合不同基学习器的结果，忽略了集成权重的空间异质性。考虑到地理数据空间异质性的存在，相关研究开始采用地理加权相关模型作为集成策略构建集成模型，例如，Li 等（2019b）利用地理加权回归模型集成基于自编码的深度残差网络、XGBoost 和随机森林三种模型，从而进行高分辨率的风速时空估计。Requia 等（2020）将多种类型的预测变量和神经网络、随机森林和梯度提升三种机器学习模型集成到基于地理加权的广义加性模型中，实现了地面臭氧浓度的高分辨率估算。这些研究证明了集成模型优于任一单一模型，并且考虑空间异质性可进一步提高预测模型的精度。神经网络模型作为非线性模型的典型代表，其由于强大的拟合能力，被广泛应用于时空分析领域（Cheng and Wang，2009；Wu et al.，2023）。然而，传统的神经网络学习算法（如误差传播算法）通常只强调其非线性拟合能力，并未考虑其训练速度慢以及容易陷入局部最优解等问题。极限学习机（ELM）是一种单隐层前馈神经网络学习算法，在训练过程中不需要迭代求解，只需设定隐层节点的个数即可得到唯一的最优解，其具有学习速度快、泛化性能好等优点（Huang et al.，2006；Huang，2014；Sovilj et al.，2016），更适合捕获时空数据的非线性交互关系。

轻量级模型，如经典的 IDW 和 SES，因其简单易用而得到广泛应用。然而，轻量级模型无法精确刻画时空依赖性和非线性的时空关系，通常插值精度较低。在空间维度，IDW 算法的插值精度依赖合适的权重函数。它遵从地理学第一定律，利用观测样本空间位置之间的欧几里得距离来度量空间相关性，距离越近则越相似。然而，基于欧几里得的度量方式，通常只适用于具有确切地理位置的空间对象。而针对道路网络，由于每个路段的空间坐标难以确定，直接采用路段中点位置之间的距离通常会造成空间距离的不合理估计。因此，现有方法通常采用多种策略改进欧几里得距离来刻画空间相关性，如采用道路网络距离、引入道路的通行时间等（邹海翔等，2012；Zou et al.，2012；Crosby et al.，2019）。然而，这些方法更多是追求提升重构精度，计算复杂性大，依然难以满足实际应用的需求，并且距离的度量通常忽略了地理过程的时空模式的变化。在时间维度，时间窗口的合理选取对于构建局部的时空插值模型至关重要（Appice et al.，2014），它可以保证窗口内的观测样本之间的时间相关性。然而，现有方法在建模过程中，窗口的大小通常无法自动确定，而是采用参数调整的方式，选取使得模型重构误差最小的窗口作为最优的窗口大小（Pravilovic et al.，2018）。这种方式使得窗口的大小是全局固定的，并不随时间变化，因此无法探测地理过程的时空演化特征（Gafurov and Bárdossy，2009）。

从以上分析可以看到，现有的机器学习方法和统计方法从不同的视角来处理时空数据的稀疏性问题，并取得了一定的效果。这些模型证实了合理刻画时空依赖性可以提高稀疏数据的重构精度（Deng et al.，2016，2018b；Li et al.，2019a）。集成多个模型可以提供灵活一致的结构，以解决复杂的时空建模问题（Wang and Armstrong，2009；Wentz et al.，2010；Hagenauer and Helbich，2022）。然而，这些模型通常需要复杂的求解过程，时空数据的海量涌现往往使得模型训练时间大幅度增加，从而导致模型的易用性受到了很大的限制。任意的选择整合策略将进一步增加模型训练的复杂度并影响稀疏数据的重构精度。轻量级模型简单易用，但由于无法同步刻画时空数据的依赖性和时空非线性关系，难以满足稀疏数据的重构精度要求。因此，如何在轻量级模型中合理考虑时空依赖性来提高稀疏建模的精度，同时选择合适的整合策略来确保模型的易用性，是当前稀疏时空数据重构需要迫切解决的问题。

## 1.2.4　时空数据预测

时空预测的基本目标是学习从输入特征（也称为自变量）到输出变量（也称为因变量）的映射（Li and Shahabi，2018；Xu et al.，2021），可以分为基于统计的模型、基于传统机器学习的模型和基于深度学习的模型（Deng et al.，2018b）。

### 1. 统计模型

时空数据预测模型常用的统计方法大多是从经典的空间统计方法扩展而来的，通过进一步考虑时间维度的信息，构成时空预测模型，包括时空自回归整合移动平均（STARIMA）模型、时空地理加权回归（GTWR）模型等。

STARIMA 模型是将 ARIMA 模型扩展到时空数据的模型族，包括时空自回归（STAR）模型、时空移动平均（STMA）模型、时空自回归移动平均（STARMA）模型（Cliff and Ord，1975；Martin and Oeppen，1975；Pfeifer et al.，1980；Kamarianakis and Prastacos，2005）。该模型在建模过程中，需要将时空序列通过差分转化为平稳状态，并且采用线性的方式整合自回归和移动平均项。然而，由于时空异质性的存在，平稳时空过程的假设通常是不合理的。因此，相关研究开始将空间异质性或者时间非平稳性引入传统的 STARIMA 模型中。例如，Min 等（2010）改进了 STARIMA 模型，允许自相关项（AR）和移动平均项（MA）的参数随着位置动态变化，使得预测精度优于标准的 STARIMA 模型，但其空间结构是固定的，即每个位置的空间邻居的大小是相同的，并且在时间上也是固定的。Min 等（2009）考虑到传统的 STARIMA 模型无法完全利用交通系统的特有信息，即考虑拓扑结构和实时转弯率在城市道路网中的作用，提出一个动态形式的 STARIMA 模型，利用时间动态的权重矩阵代替传统的距离权重矩阵，从而反映每个路段交叉口的当前交通转弯比，但在每个位置的空间邻居依然是固定的。进一步地，Min 和 Wynter（2011）考虑时间和空间的可变性，设计了一个多变量的时空自回归（STAR）模型，从一组反映交通状态的模板选择权重矩阵，利用平均速度计算动态空间邻居，当交通接近于平均交通状况时性能表现很好。更进一步地，Cheng 等（2014）引入动态空间权重矩阵，同时考虑了动态的空间邻居和动态的空间权重，并且使 AR 和 MA 模型的参数随着位置变化，很好地刻画了空间异质性和时间非平稳性。

GTWR 对时空关系具有很好的建模能力，它通过在传统的地理加权回归（GWR）模型中引入时空权重矩阵来表达时空非平稳性，广泛应用于时空数据预测（Huang et al.，2010）。例如，Ma 等（2018）利用 GTWR 探讨了建筑环境对交通客流量的时空影响，利用北京一个月的智能卡数据和用于交通分析的小区 POI 数据，证明了 GTWR 模型比传统的最小二乘法和 GWR 模型具有更好的拟合效果。类似地，Huang 等（2018）利用 GTWR 模型探索了车辆数据与建筑环境之间的关系，实验结果表明，建筑环境和车辆碰撞之间的关系在空间上是非平稳的。考虑到地理现象的多尺度效应，Wu 等（2019a）提出了多尺度地理时间加权回归模型（MGTWR），通过一个可伸缩的框架，为各种协变量指定灵活的带宽来识别和分析多尺度过程，并利用 MGTWR 研究深圳房价的时空变化及其影响因素。Dong 等（2018）提出了一个层次化的 GTWR 模型对活动满意度进行调查，它将时间概念化为连续的，并通过时间或时空权重矩阵来检验序列相关性，并通过考虑个体的随机效应表达个体的异质性。实验结果表明，活动发生地的地理环境特征与日常活动满意度具有显著的相关性。考虑到地理现象的周期性存在，Du 等（2018）构建了基于周期性的 GTWR 模型，通过在浙江海域进行实验验证，证明了该模型可以很好地抓取海洋时空模型的周期性变化。可以看到，GTWR 模型已经得到深入应用，各种改进的方法层出不穷。但是，GTWR 模型无法刻画时空数据复杂的非线性关系。

综上分析，通过不断的模型改进，现有的统计模型初步实现了时空自相关和时空异质性的表达。然而，时空关系通常是以线性方式表达，并且由于时空异质性的存在，现有模型在建模过程中，将每个地理单元当作单独的预测任务，而忽略地理单元之间全局时空相关性，这明显是不合理的。因此，如何在保证时空自相关和时空异质性的前提下，进一步考虑预测任务之间的全局时空相关性，是现有时空预测问题面临的首要挑战。另外，时空预测任务的基本目标是学习从输入特征到输出变量的映射。针对整个研究区域，这种映射关系应该是唯一确定的，从而使得预测模型具有全局预测能力。例如，利用某个代表性的训练数据集训练完模型后，在预测阶段，采用其他任意未经训练的空间对象构建输入特征，即可得到模型的预测结果。然而，受时空异质性的约束，现有时空统计方法需要针对每个地理单元单独建模，使得模型在训练完之后，得到一组预测模型的集合。并且，对于未经训练的地理单元，需要重新拟合参数，这就使得预测模型丧失了全局预测能力。

### 2. 传统机器学习模型

基于统计的参数模型通常利用一个显式的参数化函数来定量化表达数据之间的时空关系，并且需要在建模过程中做强假设，因此在很多真实的应用场景很难适用（Yu et al.，2017a）。而基于机器学习的非参数模型是一种基于数据驱动的方法，相比于参数模型，不需要先验知识以及显式的数学模型，并且具有良好的可移植性和较高的预测精度（李航，2019），因此在时空预测建模领域得到广泛的应用（Smith，1995；Clark，2003；Zheng and Su，2014）。下面主要介绍几种典型的机器学习模型，包括时空 K 近邻模型（STKNN）、多视图学习方法、多任务学习方法。此外，机器学习模型的参数优化问题在训练过程中至关重要，是模型的重要组成部分，因此在此一并讨论。

STKNN 模型作为一种典型的非参数时空建模方法，广泛应用于时空预测领域。Wu 等（2014）通过在传统的 K 近邻模型（KNN）中引入空间信息，证明同步考虑时空信息的 KNN 模型可以提升时空预测的精度。Yu 等（2016a）考虑交通状况的时变性和连续性，实现了短时交通的多步预测，实验证明该模型获得了比人工神经网络（ANN）和支持向量机（SVM）更好的预测精度。在建模过程中，通过比较不同状态空间的预测精度，进一步证明了模型的预测精度严重依赖时空相关结构。Xia 等（2016）考虑交通流的时空相关性和趋势性的影响来优化 KNN 模型的搜索机制，包括利用上下游的交通信息定义状态空间、采用趋势调整的指数权重度量相似性、整合权重平均和趋势调整权重定义预测函数、采用距离权重投票机制选择 $K$ 值，最后在分布式平台上实现了时空权重的 KNN 模型。Cai 等（2016）利用相关系数来寻找空间邻居，构建时空状态矩阵来代替传统 KNN 模型的时间序列，同时利用高斯权重函数定义距离函数来选取 $K$ 个邻居，构建了一个时空相关的 KNN 模型实现了短时交通的多步预测，预测精度得到了一定的提升。但是，这些方法依然存在时空关系无法清晰定量化的问题（Ermagun and Levinson，2018），主要体现在建模过程中，无法自动确定决定时空状态矩阵的空间维度 $m$ 和时间窗口长度 $n$ 的值，而是依赖人为设定。以交通预测为例，当 $m=3$，即取上下游的 3 个相邻的路段；当 $n=2$，即取当前时刻的前两个时刻的历史数据构造样本。在将时间序列问题转化为监督的机器学习问题时，$m$ 和 $n$ 的值决定了选取的特征个数。因此，手动的特征工程容易导致维度灾难，使得模型的预测精度难以得到保证（Hong et al.，2016）。更重要的是，这些模型通常忽略了时空数据固有的空间异质性的存在，在建模过程中假定时空交互过程是稳态变化的，主要体现在模型结构在整个空间范围全局固定，如每个空间对象具有固定的空间邻居、时间窗口、时空权重以及时空参数，从而无法抓取不同空间对象差异性的变化模式，因此难以达到满意的预测结果。另外，在时间非平稳性方面，一方面，现有 STKNN 模型通常针对整个时间范围建模，其隐喻的假设是把时空预测当作一个静态的点过程，忽略了时空模式在时间上的动态属性特征，导致模型结构在整个时间范围内仍是固定不变的，如相同的空间对象在不同的时间区间具有相同数目的空间邻居。以交通数据为例，交通状况在一天中不同时间区间（如早晚高峰）是有明显差异性的。这是预测模型无法获得满意结果的一个主要原因（Stephanedes et al.，1981）。基于此，现有研究通过人为划分时间区间，通过在不同的时间区间构建不同的预测模型来刻画时间的非平稳性，如 Stathopoulos 和 Karlaftis（2003）将一天划分为 6 个不同的时间区间来区分不同时间区间的时空模式。虽然这些时间区间的划分策略在统计上是可接受的，但是采用全局固定的时间区间划分策略，使得不同时空变化模式的空间对象具有相同的时间区间，如某些路段的早高峰在 6：00～8：00，而另一些路段的早高峰在 5：00～7：00，因此无法反映细粒度的时间非平稳性变化特征。另一方面，现有 STKNN 模型在抓取时间维度信息时，通常只考虑时间的邻近性关系，通过构建时空邻近状态空间来表征当前的时空状态。其隐含的假设条件是时间越接近，则对当前空间对象的影响越大。但这种方式无法捕捉周期性和趋势性的时空依赖关系。

多视图学习将不同的数据集或不同的特征子集视为对象的不同视图，来描述对象的不同方面。通过整合多个视图的不同知识，从而更加全面和精确地描述对象（Zheng，2015）。根据视图的信息整合方式，多视图学习可分为：①协同训练；②子空间学习；③多核学习（Chaudhuri et al.，2009）。其中，协同训练通过迭代利用已存在的标注样本构建的模型来标注未标注样本，以最大限度地在不同的数据视图上达成共识（Blum and Mitchell，1998）。例如，Zheng 等（2013）构造时间视图和空间视图来分别刻画空气质量的时间依赖性和空间相关性，同时考虑到空气质量的数据稀疏性问题，利用协同训练算法来训练两个视图对应的模型，从而实现对空气质量的推断。子空间学习旨在获得有多个视图共享的潜在子空间（Chen et al.，2012），如典型相关分析（CCA）（Hardoon et al.，2004）。多核学习的主要思想是利用数据的不同表示或不同来源的数据作为输入，分别训练一组预定义的核函数，整合多个核函数来获得增强的知识（Squarcina et al.，2020）。例如，Zheng 等（2015）利用和空气质量相关的不同数据集，分别在时空维度构建两个核函数。这两个核函数独立产生预测结果，然后利用决策树来整合两个核函数得到未来 48h 的空气质量。从现有研究可以看到，多视图学习可以从不同的视角刻画同一空间对象，可以很好地解决现有时空预测模型在建模过程中时空关系刻画不全面的问题，如可以构建时空邻近视图、周期视图、趋势视图来表征每个空间对象，从而捕捉周期性和趋势性的时空依赖关系。但是，基于多视图的学习方法本质上一次只能学习单个任务，因此无法刻画任务之间全局时空相关性（Zhang and Huan，2012）。

多任务学习主要关注任务之间的相关性，其相关性通常通过限制多个任务共享一组特征或者子空间（Caruana，1997）。通过在多任务学习模型中考虑时间、空间或时间和空间的任务之间的相关性，可以获得更好的时空预测性能（Walerian et al.，2011；Xu et al.，2014，2016a，2016b，2017；Zhao et al.，2015）。例如，Deng 等（2017）考虑到针对单个交通传感器构建的预测模型无法反映所有的交通状况（高峰、施工和事故），因此首先利用聚类算法来确定道路网络存在的交通状况，然后把每种交通状况当作一个任务，构建了一个多任务的交通预测模型，并取得了很好的预测效果。Zhao 等（2015）将相同国家中多个城市的社交媒体空间事件预测（如民事动荡）形式化为一个多任务学习问题，将每个城市当作一个预测任务，构建动态和静态的特征，通过规定所有城市选择一组共同的特征来实现社交媒体中空间事件的同步预测。Xu 等（2016b）探索了多任务学习在地理时空预测任务中的适用性，特别是在气候和环境科学领域，提出了多个多任务学习框架来应对地理时空数据预测的挑战，如空间自相关和多尺度问题。Huang 等（2014）考虑现有短时交通预测模型的浅层结构、手动特征工程以及单任务学习存在的问题，将多任务学习集成到深度学习模型中以实现高效预测。然而，许多多任务学习方法忽略了任务中多个视图的一致性。最近，相关学者考虑到多任务和多视图学习模型各自的优点，将两者结合起来构成多任务多视图学习模型，来同步学习任务之间的相关性和视图之间的一致性（He and Lawrence，2011）。例如，Zhang 和 Huan（2012）提出了一个半监督的多任务多视图模型，通过增加一组正则项来确保一个任务的不同视图的映射函数在未标签样本上尽可能保持一致，同时使相同视图的不同任务的映射函数表现出相似性。Liu 等（2016a）从多种异构数据集中抽取特征，分别构建时间视图和空间视图来刻画影响水质的不同方面，引入正则化项来惩罚不同视图的不一致性以及任务之间的全局相关性，提出了一个时空多任务多视图模型用于水质的预测。从现有研究可以看到，多任务学习可以很好地解决传统机器学习方法无法刻画空间异质性的问题。在建模过程中，可以把每个地理空间单元当作一个预测任务，通过多个任务共同学习来获取空间对象之间的全局时空相关性，并解决局部模型结构的全局预测能力丧失的问题。因此，多任务学习如何与传统机器学习模型或统计模型合理整合，是一个需要解决的核心问题。另外，多任务学习在建模过程中需要引入多个正则项，使得参数优化面临困难，因此需要进一步整合参数自动寻优方法。

　　合理的参数优化方法对模型精度的提升具有很大的帮助，同时可以极大地减少模型的训练时间。现有时空预测模型在训练过程中，通常采用格网搜索的方法来确定模型的超参数。在训练过程中，对每个参数设定一定的取值范围，然后遍历所有的参数组合或者采用变化一个参数而固定其他参数的方式，选取使得模型预测误差最小的一组参数来确定最优的模型结构。这种方式需要大量的人力和专业知识来反复尝试试验程序，并且求解的模型越复杂，参数优化问题越困难。模型的训练时间通常随参数个数呈指数增长，使得现有的时空预测模型面临参数优化的问题。因此，迫切需要一种优化时空预测模型的自动化方法。粒子群优化（PSO）算法作为一种典型的参数优化方法，在许多机器学习模型中得到应用（Chen et al.，2018a），它源于 Eberhart 和 Kennedy 对鸟类捕食行为的研究，其基本思想是通过群体中个体之间的协作和信息共享来寻找目标函数的最优解（Poli et al.，2007）。目前，有许多模型基于 PSO 算法来解决参数优化的问题（Gao et al.，2011；Chen et al.，2018a）。Ren 等（2014）通过 PSO 算法优化目标函数的输入参数实现了对风速的高效预测。Saremi 等（2018）利用 PSO 算法解决了手势估计的多目标优化问题。Zhu 等（2006a）针对行车路径优化问题提出了基于 PSO 算法的搜索策略，实验结果证明，PSO 算法相比于遗传算法可以更快地得到最优解。Zhao 等（2006）提出了受限玻尔兹曼机神经网络模型，将其用于城市交通流的预测，并采用 PSO 算法来优化神经网络隐藏层和输出层的权重。Teodorović（2008）总结了群体智能应用于交通分析的相关研究，并指出利用 PSO 算法解决模型参数优化问题前景广阔。然而，时空数据中存在复杂的时空关系，极大地增加了参数优化的复杂性。例如，在多任务多视图模型中，需要在目标函数中增加多个额外的正则项来刻画时空依赖性以及任务之间的相关性，使得参数优化变得更加困难。

　　综合上述对统计模型和机器学习模型典型方法的分析可以看出，现有的统计模型和机器学习模型在时空数据预测建模方面各有优缺点，但两者具有较好的互补性。统计模型针对时空数据的建模策略，为传统机器学习模型在解决时空异质性刻画不足的问题上提供了新思路。而机器学习提供的多任务学习能力可以提供新的视角，解决传统统计学习面临的预测任务之间全局时空相关性无法清晰刻画，以及局部预测模型的全局预测能力丧失的问题。多视图学习方法以及粒子群优化算法可以进一步来解决现有方法时空关系刻画不全面以及预测模型参数优化的问题。

### 3. 深度学习模型

近年来，随着深度学习和神经网络的发展，基于深度学习的模型凭借其自动化的特征学习能力，在处理体量大、复杂度高的时空数据方面展现出优势。当前深度学习模型主要围绕时空数据的空间特征表达和时间特征表达两个方面进行设计，在历史数据驱动下自动挖掘时空模式，能够取得比传统方法更高的预测精度（Cheng and Lu，2017；Wang et al.，2022a）。

空间特征表达侧重于如何在时空预测模型中建模数据的空间相关性，主要分为基于网格和基于图结构的建模方法。基于网格的建模方法将数据的空间结构建模为与图像相似的格网，采用卷积神经网络（CNN）捕获时空数据中稳定的局部空间模式（Zhang et al.，2017；Yao et al.，2018；Yao et al.，2019；Guo et al.，2019a；Lin et al.，2019；Zhang et al.，2023a）。此类方法适用于欧几里得数据，如遥感传感器获取的气溶胶等栅格影像数据，通过将轨迹数据格网化得到流量数据等。Zhang 等（2017）提出了一种基于 CNN 和残差网络的时空模型 ST-ResNet，通过残差和全连接网络提取时空特征并预测城市各区域的人群流入和流出。Yao 等（2018）提出了一种多视图时空网络，该网络通过局部 CNN 捕获区域之间的局部相关性，并通过区域图嵌入学习潜在的语义信息。然而，CNN 局部卷积运算的卷积核的感受野有限，需要叠加多个卷积层逐步实现更广范围特征的整合。因此，业界尝试对传统 CNN 的卷积结构进行改进，以实现对局部空间相关性和全局空间相关性的统一表达。例如，Lin 等（2019）利用上下文感知模块中的 ConvPlus 结构来学习人群流量的全局空间相关性，进而提出具有新的残差结构的 DeepSTN+模型。Zhang 等（2023a）在提出的 SHC-Net 模型中设置并联的时空特征学习架构，在空间特征表达模块中引入扩张卷积进行局部和全局的双分支特征提取。然而，由于研究区域往往都是不规则的，网格化后会出现大量的空网格，而基于 CNN 的方法不可避免地会在空网格上进行聚合操作和模式识别，进而带来噪声。另外，由于数据本身是稀疏的，空网格会加剧这种稀疏性（Geng et al.，2019；Wang et al.，2020b），导致预测精度较低。

为了克服这些缺点，在图神经网络（GNN）快速发展的背景下，相关研究考虑使用具有节点和边的图模型来刻画非欧几里得数据的空间关联（Yu et al.，2017a；Qi et al.，2019；Wu et al.，2019b；Wang et al.，2021c；Sun et al.，2022a）。基于图结构的建模方法可以分为基于图卷积（GCN）的方法和基于图注意力机制（GAT）的方法。最初，基于 GCN 的方法，引入谱图理论中的拉普拉斯矩阵表达图的性质，采用傅里叶变换将空间域的图信号转换到谱域进行卷积计算（Zhou et al.，2020）。后续大多数方法采用 ChebNet，运用 Chebyshev 多项式的截断展开式改进运算方式，避免拉普拉斯特征向量较高的计算成本（Defferrard et al.，2016）。此类方法将区域或感知传感器等建模为节点，区域（传感器）间的关联建模为边，以对空间模式进行关联挖掘和聚合。例如，Zhang 等（2019）将区域流量数值构建为节点网络、将区域间流量转移量构建为边网络，并引入周期性采样策略和桥接机制，实现信息融合和最终的流量预测。Geng 等（2019）从地理位置邻接、功能相似、交通连通性三个不同视角构建多图神经网络进行信息聚合。Wang 等（2020c）在提出的 $PM_{2.5}$-GNN 模型中引入大气污染领域的先验知识，使用风速、风向、平流系数等因子构建图的节点属性矩阵和边属性矩阵，以模拟 $PM_{2.5}$ 的流动、积累和消散。为了使得图结构的学习更为灵活，Bai 等（2020）研究者开始采用自适应的图卷积神经网络，通过将可自适应学习的节点嵌入表征和点乘式节点相似度两个模块进行级联，即可获得依据节点嵌入变化的空间图拓扑结构。尽管基于 GCN 的方法在邻近空间相关性建模中取得显著的效果，但由于过度平滑问题，GCN 模型无法像 CNN 模型一样多层堆叠，难以捕获较远节点的空间相关性。随着转换器模型的流行，业界尝试使用图注意力网络的自注意力机制取代卷积操作，并融入图节点的聚合操作中（Zheng et al.，2020；Rathore et al.，2021；Wang et al.，2021c）。例如，Zheng 等（2020）提出了基于图的多头注意力网络，利用 Node2Vec 方法将节点编码为保留图结构信息的向量，设计了一种转换注意力机制来缓解误差传播的影响，从而提高长期预测性能。Wang 等（2021c）通过构建空间邻近性、功能相似性和时间模式相似性图考虑站点间空间依赖关系，将 GAT 纳入门控循环单元（GRU）中进行 $PM_{2.5}$ 的多步预测。总之，基于图结构的建模方法弥补了 CNN 网格化区域不够灵活的缺陷，且能够通过边来刻画任意两个区域间的潜在关系，灵活地捕获非欧氏空间关联（Wang et al.，2020b）。

时间特征表达侧重于挖掘数据预测值与历史观测值之间的时间相关性。在基于深度学习的时序预测中，研究方法可划分为主要采用基于循环神经网络（RNN）的方法、基于 CNN 的方法和基于时间注意力机制（TSAN）的方法。基于 RNN 的方法沿时间顺序对时序数据进行递归计算，其在时间特征表达中有广泛的应用（Zonoozi et al.，2018）。然而，传统 RNN 在训练过程中容易出现梯度消失和梯度爆炸的问题（Lukoševičius and Jaeger，2009）。为此，业界提出了长短期记忆网络

（LSTM）（Hochreiter and Schmidhuber，1997）和 GRU（Dey and Salem，2017）这两种 RNN 的变体模型，将其与上述空间特征表达模块进行耦合，得到时空学习模型完成预测任务。典型的工作如基于 Conv-LSTM 的降水量预测模型多通道 ConvLSTM（Niu et al.，2020）、基于 LSTM 和三维卷积的交通流量预测模型 3D-CloST（Fiorini et al.，2020）、基于 GRU 和 CNN 的交通事故预测模型（Wang et al.，2021d）、基于 GRU 和带注意力机制的空间 GCN 的 COVID-19 流行病学预测模型（Yu et al.，2023）等。尽管基于 RNN 的方法已被广泛应用于各类时空预测任务中的时序学习，但其循环结构在每个时间步长计算特征，导致计算成本大幅增加，限制了模型预测效率。与之相比，基于 CNN 的方法主要采用一维时序卷积（TCN）等，通过将卷积核视作时间窗口来捕获时序依赖。具体地，Yu 等（2017a）受 LSTM 和 GRU 中的门控机制的启发，设计门控 TCN 与频谱 GCN 串联进行交通流量预测。Fang 等（2019）设计了多粒度卷积的 TCN 模块与空间卷积融合的交通要素和人类出行活动预测框架。Wu 等（2019b）提出的 Graph-WaveNet 模型运用因果 TCN 显示建模时间数据的因果性质，消除了从未来时间步到过去时间步的信息泄漏的可能性。与基于 CNN 的时间特征表达方法利用卷积核进行局部建模相比，基于时间注意力机制的方法能够更高效率地捕捉不同时间步之间的长范围时间关系。例如，Guo 等（2021）提出将注意机制引入时序卷积模块中，进而提出基于注意力机制的 ASTGNN 模型来协同建模空间–时间信息。Sun 等（2022b）提出的使用转换器模型的多头注意力机制建模犯罪频率的时间变化，进一步提升了时序学习的灵活性。

　　虽然以上的预测方法能够很好地表达数据的时空特征，取得较好的预测性能，但是这些数据驱动模型是纯粹的黑盒模型，其可解释性较差（Li et al.，2020；Liu et al.，2016a；Zhang et al.，2019）。在地学领域，模型的可解释性一直是很多学者关注的重点，提高模型预测精度的同时增强模型的可解释性、透明度是地理空间人工智能（GeoAI）的重中之重。然而，存在的大多数时空预测模型依然难以兼顾模型预测精度及可解释之间的均衡（Janowicz et al.，2020）。

　　近年来，神经常微分方程（NODE）模型的兴起为时空数据预测提供了一种新的解决方案（Chen et al.，2018b）。NODE 利用神经网络参数化的导数网络（DN）建立了深度学习和常微分方程之间的关系，进而预测时空系统的未知状态。具体而言，在神经常微分方程中，模型的预测值被定义为 ODE 初值问题在某个时刻的解，进而通过导数网络迭代求解每一个时刻的输出。目前，已经有很多的基于 NODE 的预测模型被提出，并被证明同时具有良好的预测精度和可解释性，如时空常微分方程（ST-ODEs）（Zhou et al.，2021）、时空图常微分方程（STG-ODEs）（Fang et al.，2021a）、循环神经网络常微分方程（ODE-RNNs）（Rubanova et al.，

2019）、长短时记忆网络常微分方程（ODE-LSTMs）（Lechner and Hasani，2020）等。尽管上述基于 NODE 的预测模型在提升可解释性和预测精度之间取得了一定的平衡，但这一提升以牺牲部分预测精度为代价。首先，该模型的动态网络（DN）仅依赖时间因素，未将空间位置信息显式地整合到 DN 的输出中，导致其在时空预测任务中的表现欠佳。其次，基于 NODE 的预测模型高度依赖于 ODE 初始条件，难以有效捕捉时空数据中的长时依赖关系，这进一步限制了其预测性能。

# 1.3　科学问题的提出

本书从时空统计理论基础出发，综合利用空间统计与机器学习方法，解决时空数据挖掘过程面临的以下关键科学问题。

## 1. 如何厘清时空异质性和缺失模式对插值模型的作用机制？

时空数据缺失是普遍存在的现象，由于各种原因可能存在多种缺失模式，不同的缺失模式对插值精度具有不同的影响。另外，空间异质性和时间非平稳性从空间和时间层面对插值过程进行约束，而时间和空间层面又存在复杂的非线性时空关系。因此，如何在插值过程中消除缺失模式对插值精度的影响，分解和耦合时空异质性，实现时空数据的精确插值，是亟待解决的关键问题。

## 2. 如何在设计集成策略时实现空间异质性的精确表达？

空间异质性是地理空间数据的本质特性。现有地理空间推断方法在设计基于学习的集成策略时通常基于样本的独立同分布假设，使得不同的基学习器具有全局固定的集成权重，忽略了空间异质性对集成策略的统计约束。而考虑空间异质性的集成策略在建模过程采用的简单核函数结构，难以充分描述空间邻近性对集成权重的复杂非线性作用，导致无法精确解算复杂地理关系的空间异质性，极大地限制了空间推断方法的预测能力。因此，如何在设计集成策略时实现空间异质性的精确表达，进而根据空间模式自适应地集成基学习器，是丰富空间数据挖掘领域的方法体系、促进集成学习在地学领域应用的难点问题。

## 3. 如何保证模型的稀疏重构精度和易用性之间的均衡？

目前存在多种统计和机器学习方法来解决时空数据的稀疏问题。现有稀疏重构模型求解过程的复杂性使得模型的易用性难以保证，时空数据的海量涌现使得该问题变得更为突出。轻量级模型简单易用，但无法精确地表达时空依赖关系，使稀疏重构精度难以满足要求。如何改进轻量级的稀疏重构模型，实现重构精度和易用性之间的均衡，以满足实际应用需求，是当前需要解决的关键技术难题。

### 4. 如何统一表达空间异质性和时间非平稳性?

复杂地理系统要素分布和演化过程普遍面临空间异质性和时间非平稳性特征。现有机器学习方法基于样本的独立同分布假设，采用全局静态的模型结构，在整个时空范围采用统一的时间区间剖分方式，难以充分表达复杂地理过程的内在机理和作用机制。如何在现有预测模型中实现空间异质性和时间非平稳性的统一表达，是拓展当前机器学习模型的适用性、提升时空数据建模准度与应用能力的基础问题。

### 5. 如何解决全局时空相关性和时空异质性之间的矛盾?

考虑到时空异质性的存在，现有的统计和机器学习方法针对每个同质的子区域或者不同的空间对象来构建局部的预测模型，用以表达地理要素的非平稳变化。局部模型结构使得各个地理要素之间相互独立，无法表征地理要素之间的全局时空相关性。然而，区域与区域之间存在空间溢出效应，对象与对象之间存在空间关联，这种全局时空相关性的忽略难以充分表达复杂的地理过程。如何在现有预测模型中实现全局时空相关性和时空异质性的深度耦合和协同，形成一体化的时空建模框架，是亟待解决的关键问题。

### 6. 如何在复杂时空预测模型中兼顾模型预测精度及可解释性?

目前主流的时空预测模型依旧以复杂的深度学习模型为主，这些模型虽然可以获得较优的预测精度，但固有的黑盒特性造成了模型内在可解释性较差。尽管与模型无关的可解释技术可以在一定程度上解释深度学习输入对输出的重要程度，但依旧无法改变深度学习模型内在可解释性差的事实。因此，如何解决复杂学习模型预测精度与模型内在可解释之间的矛盾仍是目前亟待解决的关键问题。

## 1.4 研 究 内 容

针对海量时空数据表达与应用中面临的系列科学问题，本书提出了新的解决方案，以提升现有模型的学习效率和学习能力。整体的技术框架如图 1-2 所示，主要研究内容包括 6 个方面。

图 1-2　整体技术框架

## 1.4.1　时空缺失数据的渐进式插值方法

全面考虑时空数据的缺失模式、样本选择和时空关系，提出了一种渐进式的时空缺失数据的插值方法。通过粗粒度插值，消除连续缺失数据对整体插值结果的影响。在此基础上考虑时空异质性，实现动态滑动窗口选择算法来确定细粒度插值中最相关的样本数据。最后利用神经网络模型对时空插值结果进行整合，得到更加精确的插值结果。采用城市空气质量数据验证了所提出的方法在插值精度和修复率方面的优势。

## 1.4.2　顾及空间异质性的集成空间推断方法

充分利用神经网络对空间数据的挖掘和学习能力，提出一种顾及地理空间异质性的集成学习方法，用于地理空间推断任务。从不同地理关系表达的视角出发，充分考虑地理要素的局部空间相关性、全局特征相关性和非线性关系，实现地理加权回归模型、地理最优相似度模型与随机森林模型三种基学习器。设计顾及地理空间异质性的集成策略，提出地理空间加权集成神经网络模型，建立空间邻近性与集成权重的复杂非线性关系，实现对权重核函数的精确求解。在中国 $PM_{2.5}$ 空气质量数据集上开展连续型变量的回归预测任务，在中国香港滑坡数据集上开展离散型变量的二分类推断任务，充分论证本书提出方法的适用性和有效性。

### 1.4.3　轻量级稀疏时空数据重构方法

通过集成多个轻量级的模型来保证模型的易用性，合理表达时空依赖性来提高模型的稀疏重构精度。在时间维度上，通过在传统 SES 算法中引入动态滑动窗口，捕获了地理过程的时空演化特征，从而提高了传统 SES 算法表达时间依赖性的能力。在空间维度上，通过考虑空间对象的时空模式，采用相关距离来取代传统 IDW 算法中的欧几里得距离，从而提高了传统 IDW 算法表达空间依赖性的能力。最后，引入极限学习机拟合时空非线性关系来整合时空重构结果。使用浮动车轨迹数据进行验证，与现有的模型相比，该方法获得了更高的稀疏重构精度，从而能够满足实际应用的需求。

### 1.4.4　顾及时空异质性的动态预测模型

同步考虑时空数据的空间异质性和时间非平稳性特征，提出了一个动态的预测模型实现对时空数据的高效预测。通过自动识别研究区域的时空模式并对时间区间进行精细剖分，刻画时间非平稳性特征。在此基础上，针对不同时空模式下不同时间区间的空间对象构建自适应的空间邻居、时间窗口、时空权重和时空参数来量化空间异质性，实现空间异质性和时间非平稳性的统一表达。利用北京道路网络真实的浮动车速度数据，比较了预测模型在不同尺度下的预测性能，从而证明在时空预测建模中同步考虑空间异质性和时间非平稳性的重要性。

### 1.4.5　基于多任务多视图的时空预测模型

通过捕获精细尺度下复杂地理过程的时空邻近性、周期性和趋势性，利用多核学习来表达不同时段的历史时空状态对当前时空状态的影响。在此基础上，以多核学习的结果作为高层语义输入特征，构建统一的时空多任务多视图学习模型，通过在目标函数中增加一组正则项来保证任务之间的相关性以及视图之间的一致性，实现全局时空相关性和时空异质性的统一表达。利用真实的浮动车速度数据集评估了基于多任务多视图的时空预测模型，通过和现有 9 种时空预测模型进行预测精度的比较，验证了提出模型的高效性。

### 1.4.6　可解释的时空注意力神经常微分方程预测模型

通过将每个时刻的隐藏状态视为常微分方程的解，并定义了一个兼顾时间信息和空间信息的时空导数网络，从而可解释地迭代求解多个时刻的隐藏状态。在迭代过程中，设计了一个损失函数用于保证多个维度融合结果尽可能相等，从而解决时间维度和空间维度中融合结果的对齐问题。在此基础上，引入时空注意力机制，分别从空间维度和时间维度融合多个时刻的隐藏状态，以捕捉时空数据中的长时间依赖关系。采用三种真实的时空数据集（交通流数据集、$PM_{2.5}$监测数据集、气温监测数据集）验证了提出模型的预测性能，并从可视化的角度解释了模型预测性能优越的原因。

# 第 2 章　时空缺失数据的渐进式插值方法

## 2.1　引　　言

缺失数据插值是时空数据分析和挖掘中的关键步骤。业界提出了很多方法来处理时空数据缺失问题。空间维度插值方法主要考虑数据之间的空间相关性来对缺失数据插值，包括 IDW、Kriging、PBSHADE 方法等，这些方法在一定程度上考虑了数据分布的空间自相关特征和空间异质性。时序数据插值方法则利用时间序列预测方法来对缺失数据进行插值，如 SES、ARIMA 模型等。时空缺失数据插值方法包括 ST-IDW、ST-Kriging、ST-HC 等。然而，很少有研究全面考虑时空数据的缺失模式、样本选择和时空关系，从而降低了传统方法的插值精度。为了解决这些问题，本章提出了一种时空缺失数据的渐进式插值方法（ST-2SMR）。该方法考虑了时空数据的缺失模式，通过粗粒度插值消除连续缺失数据对整体结果的影响；基于粗粒度插值的结果，在考虑时空异质性的情况下，实现了动态滑动窗口选择算法来确定细粒度插值中最相关的样本数据；最后，利用神经网络模型对时空插值结果进行整合。本章下面的内容将介绍 ST-2SMR 模型的结构并进行实验分析和讨论。

## 2.2　模　型　框　架

ST-2SMR 的框架如图 2-1 所示，模型由 5 部分组成，包括样本的划分、粗粒度插值、细粒度插值、时空维度插值结果整合、模型性能评估。首先，ST-2SMR 方法涉及神经网络模型，为了提高模型的泛化能力以及避免过拟合现象发生，需要划分时空缺失数据集，其中 80%的样本数据作为训练数据集，用以训练模型的参数；20%的样本数据作为测试数据集，用以评估模型的性能。其次，考虑到缺失数据可能存在多种模式，为避免连续数据缺失对后续细粒度插值算法执行的影响，有必要对缺失数据集作粗粒度插值。在粗粒度插值结果的基础上，考虑时空相关性和时空异质性进行细粒度插值。需要说明的是，粗粒度插值和细粒度插值的划分不涉及空间尺度的概念，粗粒度插值得到中间插值结果，而细粒度插值得到最终的结果。

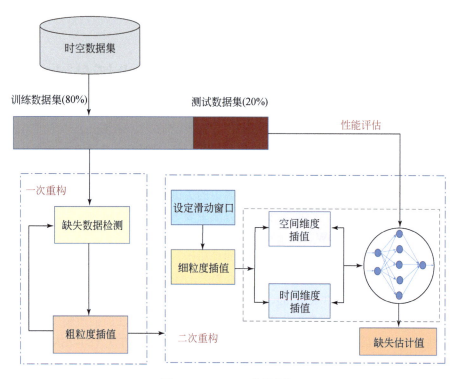

图 2-1　ST-2SMR 模型框架

由于在细粒度插值过程中，需要计算各时空序列之间的相关系数以及协方差，用以拟合参数，若全部时间序列或空间序列参与计算，不仅会增加计算的复杂度，而且会导致冗余的样本数据参与计算，因此在细粒度插值之前，设定一个合适的滑动窗口，以保证所参与计算的样本数据和缺失数据之间具有最强相关性，从而提高插值计算的精度。进一步地，考虑到空间异质性、时间异质性以及时空非线性关系从不同的层面约束插值过程，因此本书采用集成学习的思想，将插值过程分解为空间维度插值、时间维度插值以及时空整合，整合多个视角的不同知识，更加全面和精确地描述复杂的插值过程。首先，分别在时间和空间维度上构造异质协方差函数，通过最大化目标函数以得到缺失数据的最优无偏估计值。其次，在得到时间维度和空间维度的插值结果之后，通过未缺失数据的时空插值结果构造样本训练神经网络模型，以挖掘出时间和空间维度的非线性关系。再次，在得到神经网络模型后，输入缺失数据的时空插值结果，即可得到整合后的最终插值结果。最后，在测试数据集上，对模型性能进行评估。

# 2.3 问 题 定 义

定义 1：假设 $V = y(S,T) \in \mathbb{R}^{m \times n}$ 表示时空缺失数据矩阵，$S$ 表示空间维度，$T$ 表示时间维度，其中 $S = \{s_1, s_2, \cdots, s_m\}$，$T = \{t_1, t_2, \cdots, t_n\}$，$s_i$ 表示第 $i$ 个时间序列，$t_j$ 表示第 $j$ 个空间序列，$m$ 表示空间对象的数目，$n$ 表示时间间隔的数目。$v_{ij} = y(s_i, t_j)$，表示时空缺失数据矩阵 $V$ 的第 $i$ 个空间对象在 $j$ 时刻的取值 ($1 \leqslant i \leqslant m, 1 \leqslant j \leqslant n$)。定义滑动窗口 $w(1 \leqslant w \leqslant n)$，若存在 $\left\{ v_{ij} \neq \varnothing \mid \forall \left( j - \dfrac{w-1}{2} \right) \leqslant j \leqslant \left( j + \dfrac{w-1}{2} \right) \right\}$，则 $s_i$ 为完整时间序列；若存在 $\left\{ v_{ij} = \varnothing \mid \exists \left( j - \dfrac{w-1}{2} \right) \leqslant j \leqslant \left( j + \dfrac{w-1}{2} \right) \right\}$，则表示 $s_i$ 在 $j$ 时刻存在缺失。同理，若存在 $\{ v_{ij} \neq \varnothing \mid \forall 1 \leqslant i \leqslant m \}$，则 $t_j$ 为完整的空间序列；若存在 $\{ v_{ij} = \varnothing \mid \exists 1 \leqslant i \leqslant m \}$，则表示 $t_j$ 在第 $i$ 个空间对象存在缺失。

定义 2：假设 $\widehat{v_{ij}} = \hat{y}(s_i, t_j)$ 是 $v_{ij} = y(s_i, t_j)$ 的插值估计值，则所要求解的问题为

$$\begin{cases} \min_{\text{MSE}} = E(\widehat{v_{ij}} - v_{ij})^2 \\ \text{s.t.} E(\widehat{v_{ij}}) = E(v_{ij}) \end{cases} \tag{2-1}$$

式中，MSE 为最小均方误差；$E$ 为数学期望，满足 $E(\widehat{v_{ij}}) = E(v_{ij})$ 以保证插值过程中得到无偏估计值。

# 2.4 粗粒度插值

时空数据存在多种缺失模式，如完全随机缺失、随机块状缺失、频繁缺失（某一行）、连续缺失（行或列），以及这几种缺失模式的任意组合。使用现有的空间或时空插值方法，当存在块状缺失时，很难获得准确的插值结果，如图 2-2（b）。在某些情况下，甚至不可能完全修复缺失数据，如图 2-2（d）。本章通过引入粗粒度插值方法，以消除缺失模式对后续插值过程的影响。

在空间维度，采用经典的 IDW 模型来插值缺失数据（Lu and Wong，2008；Karydas et al.，2009）。IDW 利用空间邻居采样点的已知观测数据来估计未知数据，当空间邻居采样点的距离与待插值点越近时，则分配越大的空间贡献权重。在空间维度的粗粒度插值估计值 $\widehat{\text{vs}_c}$ 计算如下：

$$\widehat{\text{vs}_c} = \sum_{i=1}^{m} \chi_i \text{vs}_i \tag{2-2}$$

$$\chi_i = \frac{d_i^{-\alpha}}{\sum\limits_{i=1}^{m} d_i^{-\alpha}} \qquad (2\text{-}3)$$

式中，$\chi_i$ 表示第 $i$ 个空间邻居采样点对待插值点的贡献权重；$vs_i$ 表示第 $i$ 个空间邻居采样点的观测值；$d_i$ 为第 $i$ 个空间邻居采样点与待插值空间采样点之间的欧几里得距离；$\alpha$ 为权重衰减比率，$\alpha$ 越大其表示其权重衰减越快。当空间邻居采样点的距离与待插值点越近时，$d_i^{-\alpha}$ 的值越大。

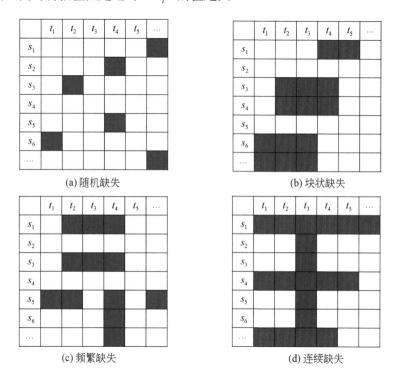

(a) 随机缺失        (b) 块状缺失

(c) 频繁缺失        (d) 连续缺失

图 2-2　时空数据缺失模式（黑框代表缺失数据）

在时间维度，则采用时间序列分析中的简单指数平滑（SES）算法来对缺失数据作插值估计（Gardner Jr，2006）。SES 假设数据之间具有很强的时间相关性，当时间邻居采样点与待插值时间点距离越近，则其贡献的时间权重越大。传统的 SES 算法采用待插值时间点之前的所有采样数据用于插值计算。当时间跨度很大时，会导致过多的不相关数据参与计算，从而降低了插值精度。因此，本章扩展该算法，设定一个大小为 wc 的时间阈值，只取缺失数据所在的时间点前 wc 个时间片和后 wc 个时间片作为插值计算的时间邻居采样点，其模型表示如下：

$$\widehat{\text{vt}_c} = \frac{\sum_{j=1}^{\text{wc}} \text{vt}_j \cdot \beta \cdot (1-\beta)^{\text{th}_j-1}}{\sum_{j=1}^{\text{wc}} \beta \cdot (1-\beta)^{\text{th}_j-1}} \tag{2-4}$$

式中，$\widehat{\text{vt}_c}$ 为时间维度的粗粒度插值估计值；$\text{vt}_j$ 表示第 $j$ 个时间邻居采样点的观测值；$\text{th}_j$ 为参与插值计算的时间邻居采样点所在时间间隔与待插值数据所在时间间隔之间的距离；$\beta$ 为平滑参数，取值范围为（0，1）。

如图 2-3 所示，假设 $v_{4,6}$ 为待插值的缺失数据，设定时间阈值大小 wc = 4，首先选取 $\{v_{4,2}, v_{4,3}, v_{4,5}, v_{4,7}, v_{4,8}, v_{4,10}\}$ 作为缺失数据的邻近时间采样点，利用 SES 方法进行插值估计。然后，在空间维度，选取 $t_6$ 中所有的未缺失数据，利用 IDW 对缺失数据进行插值估计。若 SES 方法和 IDW 方法均得到插值结果，则取两者的平均值作为 $v_{4,6}$ 的估计值；若 SES 方法得到插值结果而 IDW 方法未得到插值结果，则取 SES 方法得到的估计值作为 $v_{4,6}$ 的估计值，反之亦然；若 SES 方法和 IDW 方

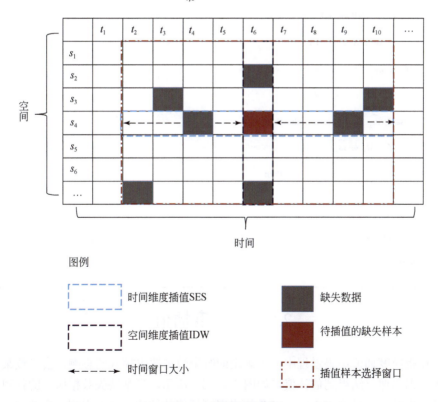

图 2-3　粗粒度插值

法均未得到插值结果，此时 $v_{4,6}$ 仍然为缺失值，待细粒度插值算法进一步插值以得到其估计值。当按照以上流程处理完所有的缺失值时，则可得到粗粒度修复矩阵 $C\_M$。该过程伪代码如算法 2-1 所示。

**算法 2-1　粗粒度插值**

---

**输入**：缺失时空矩阵 $V_{m \times n}$，时间阈值 wc，权重衰减参数 $\alpha$，平滑参数 $\beta$

**输出**：粗粒度修复矩阵 $C\_M_{m \times n}$

1　$C\_M_{m \times n} \leftarrow Initialization(V_{m \times n})$

**2 For** $i = 1$ **to** $m$

3　　**For** $j = 1$ **to** $n$

4　　　　**If** $v_{ij}$ is missing value **then**

5　　　　　　$\widehat{vs_c} \leftarrow 0$

6　　　　　　$\widehat{vt_c} \leftarrow 0$

7　　　　　　$\widehat{vs_c} \leftarrow IDW(v_{ij}, \alpha)$

8　　　　　　$\widehat{vt_c} \leftarrow SES(v_{ij}, \beta, wc)$

9　　　　**If** $\widehat{vs_c}$ *and* $\widehat{vt_c}$ are not missing value **then**

10　　　　　　$C\_M_{ij} \leftarrow (\widehat{vs_c} + \widehat{vt_c}) / 2$

11　　　　**Else if** $\widehat{vs_c}$ is not missing value **then**

12　　　　　　$C\_M_{ij} \leftarrow \widehat{vs_c}$

13　　　　**Else if** $\widehat{vt_c}$ is not missing value **then**

14　　　　　　$C\_M_{ij} \leftarrow \widehat{vt_c}$

15　　　　**Else**

16　　　　　　$C\_M_{ij} \leftarrow \varnothing$

17　　**End for**

**18 End for**

---

# 2.5　细粒度插值

在粗粒度插值结果过程中，不确定的时空数据缺失模式的影响，会导致某些缺失数据仍然无法得到估计值，如图 2-2（d）所示。当某缺失数据所在的行和列全部缺失时，则导致 IDW 和 SES 均未得到插值估计值，从而得到一个部分缺失的插值结果。因此，需要进一步在时空维度进行细粒度缺失数据的插值估计，以完全修复缺失数据，同时保证更高的插值精度。

## 2.5.1  设定滑动窗口

在进行细粒度插值之前，ST-2SMR 模型首先需要设定一个动态的滑动窗口，以决定参与插值计算的样本数据。由于时空数据具有很强的时间依赖性，选取不同数目的数据用于插值估计，会得到不同的结果。如果窗口设定过小，则较少的样本数据无法完全反映数据之间的时空关系；如果数据选取过多，则使得参与计算的样本数据中存在大量的冗余数据，从而增加计算复杂度。因此，选择合适的数据参与插值计算显得尤为重要。

考虑到时空数据在较短的时间范围内仍然保持近似的相关性，因此，通过比较缺失数据序列与其邻近的空间序列之间的平均相关系数，来选取最优的滑动窗口，其计算公式如下所示：

$$R\_begin = \frac{1}{n - w\_begin} \sum_{j=n-1}^{w\_begin} \mathrm{Corr}(t_n, t_j)$$

$$\text{objective:min} w\_begin \tag{2-5}$$

$$\text{subject to:} R\_begin = \max(R\_begin)$$

$$R\_end = \frac{1}{w\_end - n} \sum_{i=n+1}^{w\_end} \mathrm{Corr}(t_n, t_i)$$

$$\text{objective:min} w\_end \tag{2-6}$$

$$\text{subject to:} R\_end = \max(R\_end)$$

式中，$t_n$ 为缺失数据所在的空间序列；$t_j$ 为缺失数据所在空间序列的前 $j$ 个空间序列；$t_i$ 为缺失数据所在空间序列后 $i$ 个空间序列；$\mathrm{Corr}(t_n, t_j)$ 为缺失数据所在的空间序列与其前 $j$ 个空间序列之间的相关系数；$\mathrm{Corr}(t_n, t_i)$ 为缺失数据所在的空间序列与其后 $i$ 个空间序列之间的相关系数；$w\_begin$ 为窗口的起始时刻；$w\_end$ 为窗口的终止时刻。$w\_begin$ 和 $w\_end$ 采用启发式确定，初始值分别设定为 $n-1$ 和 $n+1$。首先计算 $\mathrm{Corr}(t_n, t_j)$ 和 $\mathrm{Corr}(t_n, t_i)$，然后 $w\_begin$ 向前移动，$w\_end$ 向后移动，直到前后的平均相关系数达到最大。如图 2-4 所示，假设 $v_{4,6}$ 为待插值的缺失数据，$t_6$ 为缺失数据所在的空间序列，则 $t_2 \sim t_{10}$ 为选取的滑动窗口。滑动窗口选择算法（sliding window options method，SWOM）的伪代码描述如算法 2-2 所示。

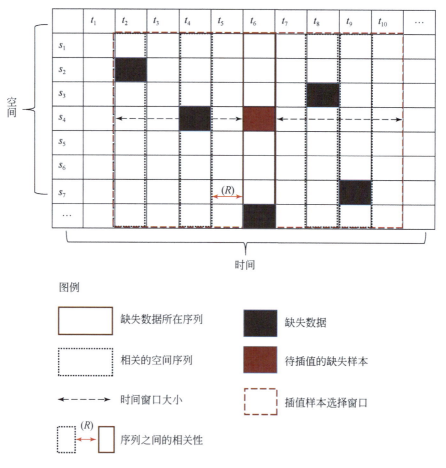

图 2-4　滑动窗口选择算法

## 算法 2-2　滑动窗口选择算法（SWOM）

**输入：** 缺失空间序列 $t_n$

**输出：** 滑动窗口的起点 $w\_begin$

滑动窗口的终点 $w\_end$

1 **For** $j = n-1$ **to** 1

2　　$R\_last \leftarrow R\_begin$

3　　$R\_begin \leftarrow (R\_begin + Corr(t_n, t_j)) / (n-j)$

4　　**If** $R\_begin < R\_last$

5　　　　**Return** $j$

6　　**End if**

7 **End for**

**8 For**　$i = n + 1$　**to end of the timestamp**

**9**　　　$R\_last \leftarrow R\_end$

**10**　　　$R\_end \leftarrow (R\_end + Corr(t_n, t_i)) / (i - n)$

**11**　　　**If**　$R\_end < R\_last$

**12**　　　　　**Return**　$i$

**13**　　　**End if**

**14 End for**

**15**　$w\_begin \leftarrow j$

**16**　$w\_end \leftarrow i$

## 2.5.2　细粒度空间维度插值

在空间维度，首先按照最优窗口选择算法（SOM）选取一个 ws 大小的滑动窗口。在该窗口中，选择 ms 个与缺失数据相关性最大的采样数据。其计算过程为：采用成对删除的方式，分别计算缺失数据所在的时间序列与空间邻居采样点的时间序列之间的相关系数，取最大的 ms 个空间邻居采样点。按照式（2-7）计算空间维度估计值 $\widehat{s_0}$：

$$\widehat{s_0} = \sum_{i=1}^{ms} w_i s_i \tag{2-7}$$

式中，$w_i$ 为第 $i$ 个空间邻居采样点对缺失数据的空间贡献权重；$s_i$ 表示第 $i$ 个空间邻居采样点的观测值。为保证 $\widehat{s_0}$ 是缺失数据的无偏估计值，需满足如下条件：

$$E(\widehat{s_0}) = E(s_0) \tag{2-8}$$

式中，$E(\cdot)$ 为期望值；$s_0$ 为缺失数据的真实值。考虑到空间维度的异质性，引入 $b_i$ 表示空间邻居采样点所在的时间序列与缺失数据所在的时间序列的期望比，用以刻画空间异质性：

$$b_i = E(s_i) / E(s_0) \tag{2-9}$$

联合式（2-7）～式（2-9）可得参数 $w_i$ 的约束条件为

$$\sum_{i=1}^{ms} w_i b_i = 1 \tag{2-10}$$

为求得参数 $w_i$，需构造目标函数，使得缺失数据估计值与真值的方差最小，即

$$\min_w [\sigma_{\widehat{s_0}}^2 = E(\widehat{s_0} - s_0)^2] \tag{2-11}$$

其中，式（2-11）可通过以下方式求解：

$$\sigma^2_{\widehat{s_0}} = C(\widehat{s_0}, \widehat{s_0}) + C(s_0, s_0) - 2C(\widehat{s_0}, s_0)$$

$$= \sigma^2_{s_0} + \sum_{i=1}^{ms}\sum_{j=1}^{ms} w_i w_j C(s_i, s_j) - 2\sum_{i=1}^{ms} w_i C(s_i, s_j) \tag{2-12}$$

其中，$C(s_i, s_j)$ 表示时间序列之间的协方差。联合式（2-10）～式（2-12）可得

$$\begin{cases} \arg_w \min \sigma^2_{\widehat{s_0}} = \arg\min E(\widehat{s_0} - s_0)^2 \\ \text{s.t.} \sum_{i=1}^{ms} w_i b_i = 1 \end{cases} \tag{2-13}$$

参数 $w_i$ 的求解问题转化为带约束条件的拉格朗日优化问题，即式（2-13）可写为

$$\sigma^2_{\widehat{s_0}} = \sigma^2_{s_0} + \sum_{i=1}^{ms}\sum_{j=1}^{ms} w_i w_j C(s_i, s_j) - 2\sum_{i=1}^{ms} w_i C(s_i, s_0)$$

$$+ 2\mu\left(\sum_{i=1}^{ms} w_i b_i - 1\right) \tag{2-14}$$

其中，$\mu$ 为拉格朗日系数。对式（2-14）求导可得

$$\frac{\delta\sigma^2_{\widehat{y_0}}}{\delta w_i} = 0 \geqslant 2\sum_{i=1}^{ms} w_i C(s_i, s_j) - 2C(s_i, s_0) + 2\mu b_i = 0$$

$$\geqslant \sum_{j=1}^{ms} w_j C(s_i, s_j) + \mu b_i = C(s_i, s_0) \tag{2-15}$$

将式（2-15）写成矩阵的形式，即

$$\begin{bmatrix} C(s_1, s_1) & \cdots & C(s_1, s_{ms}) & b_1 \\ \vdots & \ddots & \vdots & \vdots \\ C(s_{ms}, s_1) & \cdots & C(s_{ms}, s_{ms}) & b_{ms} \\ b_1 & \cdots & b_{ms} & 0 \end{bmatrix} \begin{bmatrix} w_1 \\ \vdots \\ w_{ms} \\ \mu \end{bmatrix} = \begin{bmatrix} C(s_1, s_0) \\ \vdots \\ C(s_{ms}, s_0) \\ 1 \end{bmatrix} \tag{2-16}$$

为求得式（2-16）中的参数 $w_i$，首先需计算 ms 个相关性最大的空间邻居采样点的时间序列之间的协方差 $C\_S$ 以及与缺失数据所在时间序列之间的协方差和期望比 $C_i$、$b_i$（算法 2-3 第 6～9 行）。然后拼接成式（2-16）中的矩阵形式，进行矩阵求解（算法 2-3 第 10～12 行）。最后通过式（2-7）即可求得缺失数据的插值估计值。如图 2-5 所示，假设 $v_{4,6}$ 为待插值的缺失数据，选取的窗口的起止位置是以 $v_{4,6}$ 为中心前 4 列和后 4 列。令 ms = 3，若 $\{s_2, s_6, s_8\}$ 是与缺失数据最相关的时间序列，则取 $\{v_{2,6}, v_{6,6}, v_{8,6}\}$ 作为插值的采样数据。为求得缺失数据 $v_{4,6}$ 周围空间点的贡献权重 $w_i$，首先求得 $s_2, s_6, s_8$ 之间的协方差以及和缺失数据所在行之间的协方差 $C(s_2, s_4)$、$C(s_6, s_4)$、$C(s_8, s_4)$，然后求得时间序列之间的期望比

$b_1 = E(s_2)/E(s_4)$、$b_2 = E(s_6)/E(s_4)$、$b_3 = E(s_8)/E(s_4)$，求解矩阵即可得到空间贡献权重 $w_1$、$w_2$、$w_3$。最后，缺失数据 $v_{4,6}$ 的估计值为 $w_1 \cdot v_{2,6} + w_2 \cdot v_{6,6} + w_3 \cdot v_{8,6}$。

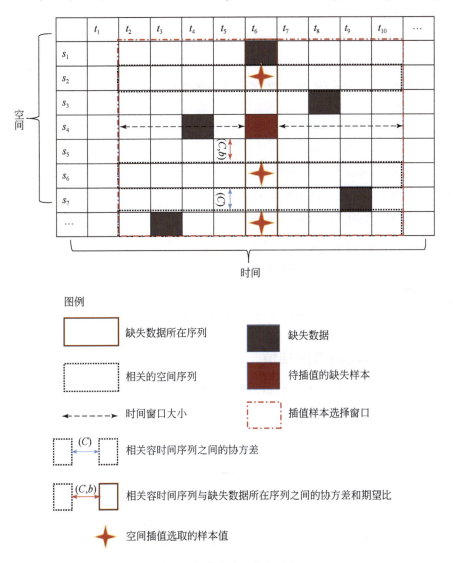

图 2-5　细粒度空间维度插值

**算法 2-3　细粒度空间维度插值**

输入：粗粒度修复矩阵 $C\_M_{m \times n}$

　　　空间邻居数目 $ms$

输出：细粒度空间修复矩阵 $F\_S_{m\times n}$

**1 For** $i=1$ **to** $m$

**2** 　**For** $j=1$ **to** $n$

**3** 　　$ws \leftarrow SOM(C\_M_{m\times n}, C\_M_{ij})$

**4** 　　$Rss \leftarrow Corrcoef(M\_W_{m\times ws}, column)$

**5** 　　$S\_Correlate \leftarrow Max\_Ms\_Correlate(Rss, S\_Missing_i, ms)$

**6** 　　$C\_S \leftarrow Cov(S\_Correlate)$

**7** 　　**For each** $s_k \in S\_Correlate$

**8** 　　　$C_k \leftarrow Cov(s_k, S\_Missing_i)$

**9** 　　　$b_k \leftarrow Mean(s_k)/Mean(S\_Missing_i)$

**10** 　　$C\_Matrix\_Left_{(ms+1)\times(ms+1)} \leftarrow Combine(C\_S, b)$

**11** 　　$C\_Matrix\_Right_{(ms+1)\times 1} \leftarrow Combine(C, 1)$

**12** 　　$w \leftarrow C\_Matrix\_Left_{(ms+1)\times(ms+1)} \setminus C\_Matrix\_Right_{(ms+1)\times 1}$

**13** 　　$F\_S_{ij} \leftarrow Dot\_Product(S\_Correlate_i, w)$

**14** 　**End for**

**15 End for**

## 2.5.3　细粒度时间维度插值

在时间维度，同样以缺失数据为中心，利用最优窗口选择算法（SOM）选取滑动窗口作为细粒度时间维度插值计算的数据矩阵。在该窗口中，选择 nt 个相关性最大的时间邻居采样点，按式（2-17）计算缺失数据的时间维度估计值 $\hat{t_0}$：

$$\hat{t_0} = \sum_{j=1}^{nt} \varphi_j t_j \qquad (2\text{-}17)$$

式中，$\varphi_j$ 为第 $j$ 个时间邻居采样点对缺失数据的时间贡献权重；$t_j$ 为第 $j$ 个时间邻居采样点的观测值。与式（2-12）～式（2-14）类似，为得到时间维度的无偏估计值，并求得时间贡献权重 $\varphi_j$，需满足式（2-18）：

$$\sigma^2_{\hat{t_0}} = \sigma^2_{t_0} \sum_{j=1}^{nt}\sum_{g=1}^{nt} \varphi_j \varphi_g C(t_j, t_g) - 2\sum_{j=1}^{nt} \varphi_j C(\hat{t_0}, t_0) + 2\tau\left(\sum_{j=1}^{nt} \varphi_j a_j - 1\right) \qquad (2\text{-}18)$$

式中，$C(t_j, t_g)$ 为空间序列之间的协方差；$\tau$ 为拉格朗日系数；$t_0$ 为缺失数据的真实值；$a_j$ 为第 $j$ 个时间邻居采样点所在的空间序列与缺失数据所在的空间序列之间的期望比，用来描述时间异质性。对式（2-18）求导可得

$$\frac{\delta\sigma^2_{\hat{t_0}}}{\delta\varphi_i}=0\gg\sum_{j=1}^{nt}\varphi_j C(t_i,t_j)+\tau a_j=C(t_i,t_0) \tag{2-19}$$

将式（2-19）写成矩阵的形式，即

$$\begin{bmatrix} C(t_1,t_1) & \cdots & C(t_1,t_{nt}) & a_1 \\ \vdots & \ddots & \vdots & \vdots \\ C(t_{nt},t_1) & \cdots & C(t_{nt},t_{nt}) & a_{nt} \\ a_1 & \cdots & a_{nt} & 0 \end{bmatrix}\begin{bmatrix} \varphi_1 \\ \vdots \\ \varphi_{nt} \\ \tau \end{bmatrix}=\begin{bmatrix} C(t_1,t_0) \\ \vdots \\ C(t_{nt},t_0) \\ 1 \end{bmatrix} \tag{2-20}$$

如图 2-6 所示，为了估计缺失数据 $v_{4,6}$ 的值，首先选取滑动窗口 $t_2-t_{10}$，并在该窗口中选取与缺失数据所在的空间序列相关性最大的 nt 个空间序列。例如，当 nt = 4，空间序列为 $\{t_2,t_4,t_8,t_9\}$，此时参与插值计算的时间邻居采样点为 $\{v_{4,2},v_{4,4},v_{4,8},v_{4,9}\}$（算法 2-4 第 3～5 行）。然后计算这 nt 个空间序列之间的协方差 $C\_T$ 以及与缺失数据所在的空间序列之间的协方差和期望比 $C_j$、$a_j$（算法 2-4 第 6～9 行）。将以上结果拼接成式（2-20）中的矩阵形式，进行矩阵求解，即可求得时间贡献权重 $\varphi_j$（算法 2-4 第 10～12 行）。最后，通过式（2-17），$v_{4,6}$ 的插值估计值为 $\varphi_1\cdot v_{4,2}+\varphi_2\cdot v_{4,4}+\varphi_3\cdot v_{4,8}+\varphi_4\cdot v_{4,9}$。

**算法 2-4　细粒度时间维度插值**

输入：粗粒度修复矩阵 $C\_M_{m\times n}$

　　　时间邻居数目 $nt$

输出：细粒度时间修复矩阵 $F\_T_{m\times n}$

1　For　$i=1$ to $m$

2　　For　$j=1$ to $n$

3　　　　$wt\leftarrow SOM(C\_M_{m\times n},C\_M_{ij})$

4　　　　$Rtt\leftarrow Corrcoef(M\_W_{m\times wt},row)$

5　　　　$T\_Correlate\leftarrow Max\_Nt\_Correlate(Rtt,T\_Missing_j,nt)$

6　　　　$C\_T\leftarrow Cov(T\_Correlate)$

7　　　　For each　$t_k\in T\_Correlate$

8　　　　　　$C_k\leftarrow Cov(t_k,T\_Missing_j)$

9　　　　　　$b_k\leftarrow Mean(t_k)/Mean(T\_Missing_j)$

10　　　　$C\_Matrix\_Left_{(nt+1)\times(nt+1)}\leftarrow Combine(C\_T,b)$

11　　　　$C\_Matrix\_Right_{(nt+1)\times 1}\leftarrow Combine(C,1)$

12　　　　$\varphi\leftarrow C\_Matrix\_Left_{(nt+1)\times(nt+1)}\backslash C\_Matrix\_Right_{(nt+1)\times 1}$

13　　　　$F\_T_{ij}\leftarrow Dot\_Product(T\_Correlate_j,\varphi)$

**14 End for**
**15 End for**

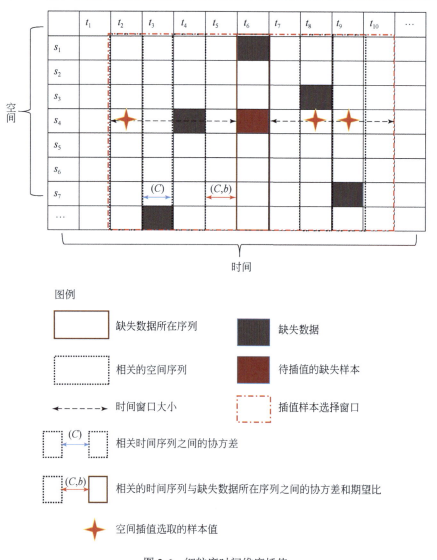

图例

缺失数据所在序列      缺失数据

相关的空间序列      待插值的缺失样本

时间窗口大小      插值样本选择窗口

$(C)$ 相关时间序列之间的协方差

$(C,b)$ 相关的时间序列与缺失数据所在序列之间的协方差和期望比

空间插值选取的样本值

图 2-6   细粒度时间维度插值

# 2.6 时 空 整 合

在得到时间维度和空间维度的插值结果之后，采用 BP 神经网络训练，以整合时空插值结果得到最终的缺失数据估计值（Durán-Rosal et al.，2016）。BP 神经

网络可以看成一个非线性函数，当输入节点数为 $n$、输出节点数为 $m$ 时，BP 神经网络表达了从 $n$ 个自变量到 $m$ 个因变量的函数映射关系（Rumelhart et al.，1986）。

对神经网络训练需要构造合适的训练样本。首先，检测细粒度时间矩阵 $F\_T_{m\times n}$，细粒度空间矩阵 $F\_S_{m\times n}$，粗粒度矩阵 $C\_M_{m\times n}$ 中未缺失的数据构建样本数据集（算法 2-5 第 1～7 行）。然后，将样本数据集划分为三个部分，80% 作为训练集，10% 作为测试集，10% 作为交叉验证集（算法 2-5 第 8～10 行）。接下来采用误差反向传播算法对神经网络模型进行训练，如图 2-7 所示。假设神经网络模型的输入变量为 $X = \{F\_S, F\_T\}$，输入层和隐含层间连接权重为 $\gamma_{ij}$ 以及隐含层阈值为 bias1，则隐含层的输出 $H$ 为

$$H_j = f\left(\sum_{i=1}^{n} \gamma_{ij} x_i - \text{bias1}\right), j = 1, 2, \cdots, l \tag{2-21}$$

式中，$l$ 为隐含层节点的个数；$f$ 为隐含层激励函数，该函数有多种表达形式，本研究所选函数为

$$f(x) = \frac{1}{1 + e^{-x}} \tag{2-22}$$

则缺失数据的插值估计值 ST 可按式（2-23）计算：

$$\text{ST} = \sum_{j=1}^{l} H_j \gamma_{j1} - \text{bias2} \tag{2-23}$$

式中，$\gamma_{j1}$ 为隐含层和输出层间的连接权重；bias2 为输出层阈值。对于式（2-23）中的权重和阈值的训练，按照式（2-24）和式（2-25）进行更新：

$$\gamma_{ij} = \gamma_{ij} + \eta H_j (1 - H_j) x(i) \gamma_{j1} e, i = 1, 2, \cdots, n; j = 1, 2, \cdots, l$$

$$\gamma_{j1} = \gamma_{j1} + \eta H_j e, j = 1, 2, \cdots, l \tag{2-24}$$

$$\text{bias1} = \text{bias1} + \eta H_j (1 - H_j) w_{j1}, j = 1, 2, \cdots, l$$

$$\text{bias2} = \text{bias2} + e \tag{2-25}$$

式中，$\eta$ 为学习速率；$e$ 为神经网络预测误差，即模型预测输出和期望输出的差值。当算法达到设定的训练目标（如迭代次数、最小误差），则完成神经网络的训练过程。

**算法 2-5　整合时空插值结果**

---

输入：细粒度空间修复矩阵 $F\_S_{m\times n}$

细粒度时间修复矩阵 $F\_T_{m\times n}$

粗粒度修复矩阵 $C\_M_{m\times n}$

空间邻居数目 $ms$

时间邻居数目 $nt$

输出：测试估计矩阵 $ST_{m \times n}$

　　　　缺失估计矩阵 $M\_ST_{m \times n}$

1　**For** $i = 1$ **to** $m$

2　　**For** $j = 1$ **to** $n$

3　　　**If** $F\_S_{ij}$　$F\_T_{ij}$　$C\_M_{ij}$ are not missing values **then**

4　　　　$Sample \leftarrow Sample(F\_T_{ij}, F\_S_{ij}, C\_M_{ij})$

5　　　**End if**

6　　**End for**

7　**End for**

8　$Training\_Spl \leftarrow Divide(Sample, 0.8)$

9　$Testing\_Spl \leftarrow Divide(Sample, 0.1)$

10　$CrossValidation\_Spl \leftarrow Divide(Sample, 0.1)$

11　$Net \leftarrow Train(Training\_Spl)$　　　　　$\nabla Neural\ Network\ Training$

12 **For** $i = 1$ **to** $m$

13　**For** $j = 1$ **to** $n$

14　　**If** $C\_M_{ij}$ is missing value **then**

15　　　$M\_ST_{ij} \leftarrow \boldsymbol{Sim}(\boldsymbol{Net}, F\_T_{ij}, F\_S_{ij})$

16　　**End if**

17　**End for**

18 **End for**

19 **For** $i = 1$ **to** $m$

20　**For** $j = 1$ **to** $n$

21　　**If** $\{F\_S_{ij}, F\_T_{ij}\} \in Testing\_Spl$ **then**

22　　　$ST_{ij} \leftarrow \boldsymbol{Sim}(\boldsymbol{Net}, F\_T_{ij}, F\_S_{ij})$

23　　**End if**

24　**End for**

25 **End for**

　　在得到神经网络模型之后，即可对缺失数据进行预测。首先，找出粗粒度修复矩阵 $C\_M_{m \times n}$ 中的缺失数据。然后，分别对该缺失数据作细粒度时间插值和细粒度空间插值。最后，将此结果输入训练完成的神经网络模型，利用式（2-21）即可得到缺失数据的插值估计值（算法 2-5 第 12～18 行）。此外，可利用在测试样本中的细粒度插值结果来评估 ST-2SMR 模型的插值精度（算法 2-5 第 19～25 行）。

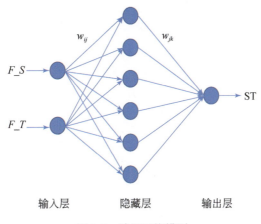

图 2-7　神经网络模型

# 2.7　实验设计与模型验证

## 2.7.1　实验设计

### 1. 实验数据

为了验证 ST-2SMR 方法的有效性，本研究采用北京市 2014 年 5 月 1 日至 2015 年 4 月 30 日的空气质量数据集作为实验数据，包括 $PM_{2.5}$、CO、$O_3$、$SO_3$、$NO_2$ 等属性，这些数据从北京市 36 个空气质量监测站点按小时间隔收集（图 2-8），包含 8579 条记录，数据的统计情况如表 2-1 所示。从表 2-1 可以看出，空气质量数据集中各属性均存在不同程度的数据缺失。其中，仅 $PM_{2.5}$ 存在 29.11% 的完整实例，即各空间点在某时刻均有观测值，其他属性均不存在完整实例，即从 2014 年 5 月 1 日至 2015 年 4 月 30 日的每个小时，各空间点均存在部分数据缺失的情况。

表 2-1　实验数据集

| 数据集 | 缺失率/% | 完整实例/% | 缺失数目 |
|---|---|---|---|
| $PM_{2.5}$ | 13.25 | 29.11 | 41771 |
| CO | 15.10 | 0.00 | 47604 |
| $SO_3$ | 15.24 | 0.00 | 48041 |
| $O_3$ | 15.43 | 0.00 | 48667 |
| $NO_2$ | 16.01 | 0.00 | 50470 |

图 2-8　北京空气质量监测站点空间分布

通过对不同空间位置的时间序列分析，进一步探求时空数据集的缺失模式，如图 2-9 所示。以 $PM_{2.5}$ 数据集为例，任意选择 14 个不同的空间位置，设定一个 wt =8 大小的时间滑动窗口，即取 8h 的历史数据探索其缺失模式，其中红色方块代表数据缺失，蓝色方块代表观测值。可以看到，在随机选取的较小时间窗口，$PM_{2.5}$ 数据集的缺失模式变化明显，存在多种缺失模式。例如，$s_1$ 存在完整的实例；$s_7$ 的缺失情况最为严重，在不同时刻均存在缺失值，即表现出图 2-2（d）所示的缺失

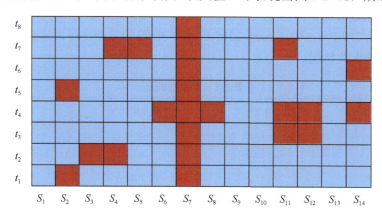

图 2-9　$PM_{2.5}$ 数据集的缺失模式

模式；$s_1$ 存在随机缺失，即图 2-2（a）；$s_{11}$ 和 $s_{12}$ 存在块状缺失的情况，即图 2-2（b）。因此，如果不对原始时空数据集作粗粒度插值以消除不同缺失模式对插值过程造成的影响，而仅采用现有的方法直接在原始缺失数据集上作插值处理，则难以获得较好的评估精度。

## 2. 评估准则

为了评估 ST-2SMR 方法的优越性，本章比较了现有的 3 种插值方法（表 2-2、表 2-3 中#1），包括 ST-Kriging（Cesare et al.，2001）、PBSHADE（Wang et al.，2010；Xu et al.，2013）、ST-HC（Deng et al.，2016），分别在各个方法的基础上增加限制条件，如单独增加粗粒度插值（表 2-2、表 2-3 中的#3）、单独增加动态滑动窗口（表 2-2、表 2-3 中的#2），同时增加粗粒度插值和动态滑动窗口（表 2-2、表 2-3 中的#4），构成 12 种方法，以验证各组条件对插值结果的影响，如表 2-2 所示。其中，ST-Kriging-C 表示在现有的 ST-Kriging 方法的基础上增加粗粒度插值过程，ST-Kriging-W 表示在 ST-Kriging 方法插值过程中增加动态滑动窗口，ST-Kriging-C-W 则表示同时增加这两个条件（其他方法命名规则类似）。表 2-3 中不同组合中的 ST-2SMR 方法的区别在于增加了不同的约束条件。同时，本章采用平均绝对误差（MAE）、平均相对误差（MRE）、修复率（RC）作为评估准则，以验证所提出方法的高效性。实验结果以 $PM_{2.5}$ 数据集为例，在 MATLAB R2016a 上进行实验。通过不同的实验对比分析，其相关参数设定如下：$\alpha = 4$，$\beta = 0.85$，wc=14，ms=10，nt=10，$\eta = 0.01$。

表 2-2  不同方法的组合

| 现有方法<br>#1 | 单独增加动态滑动窗口<br>#2 | 单独增加粗粒度插值<br>#3 | 同时增加粗粒度插值和动态<br>滑动窗口#4 |
|---|---|---|---|
| ST-Kriging | ST-Kriging-W | ST-Kriging-C | ST-Kriging-C-W |
| PBSHADE | PBSHADE-W | PBSHADE-C | PBSHADE-C-W |
| ST-HC | ST-HC-W | ST-HC-C | ST-HC-C-W |

表 2-3  不同方法的性能比较

| 组合 | 方法 | MAE | MRE | RC/% |
|---|---|---|---|---|
| #1 | ST-Kriging | 18.3796 | 0.2211 | 96.20 |
| | PBSHADE | 18.2085 | 0.2190 | 96.20 |
| | ST-HC | 26.4273 | 0.3066 | 65.94 |
| | **ST-2SMR** | **15.5247** | **0.1319** | **65.94** |

续表

| 组合 | 方法 | MAE | MRE | RC/% |
|------|------|-----|-----|------|
| #2 | ST-Kriging-W | 14.3281 | 0.1724 | 99.60 |
|    | PBSHADE-W | 14.6172 | 0.1758 | 99.29 |
|    | ST-HC-W | 11.2211 | 0.1349 | 93.69 |
|    | **ST-2SMR** | **9.5920** | **0.0822** | **93.69** |
| #3 | ST-Kriging-C | 13.1726 | 0.1585 | 100 |
|    | PBSHADE-C | 12.9178 | 0.1554 | 100 |
|    | ST-HC-C | 8.7650 | 0.1054 | 100 |
|    | **ST-2SMR** | **7.4292** | **0.0470** | **100** |
| #4 | ST-Kriging-C-W | 12.9717 | 0.1560 | 100 |
|    | PBSHADE-C-W | 12.6669 | 0.1524 | 100 |
|    | ST-HC-C-W | 7.9196 | 0.0953 | 100 |
|    | **ST-2SMR** | **7.2285** | **0.0623** | **100** |

注：加粗表示各组合中性能最优的方法。

## 2.7.2　插值精度比较

### 1. 不同数据集插值性能比较

表 2-3 呈现了不同方法之间的性能对比结果，共包含 4 组实验。第 1 组方法为现有的时空插值方法，然后在现有方法的基础上，增加 3 个限制条件，即在插值过程中增加动态滑动窗口、在现有的插值方法的基础上增加一次粗粒度插值过程（SES+IDW），以及同时组合这两种方式，构成另外 3 组不同的方法。从第 1 组实验可以看出，ST-2SMR 方法精度最高，可以看出非线性组合方式对时空结果整合产生的效果。但是其修复率偏低，其原因在于，此处 ST-2SMR 方法与 ST-HC 方法的区别仅在于时空数据的整合方式，由于 ST-HC 方法引入了时间维度的异质性，需要计算缺失数据所在的空间序列和时间切片周围空间点序列之间的相关系数以及协方差，这些序列可能存在严重缺失的情况。当参与计算的数据序列存在完全缺失或者采用成对删除的方式使得数据序列完全缺失时，则导致协方差矩阵中仍然存在缺失值，因无法求得最终的估计值，所以导致较低的修复率。第 2 组实验在第 1 组实验的基础上增加动态滑动窗口，使得插值精度得到进一步提升，其原因在于增加动态滑动窗口使得参与计算的样本数据与缺失数据的相关性最大，从而减少了冗余的样本数据参与计算。第 3 组实验在原始插值方法之前增加了一次粗粒度插值，在完全修复缺失数据的基础上，其插值精度得到进一步的提升。第 4 组实验同时增加两个限制条件，和前面 3 组实验对比可以看出，MAE 和 MRE 均有较大提升。

　　为了进一步验证本章所提出方法的普适性，分别在 $NO_2$、CO、$SO_3$、$O_3$ 上进行实验对比，如图 2-10（a）～图 2-10（d）所示。可以看出，在精度方面，本章

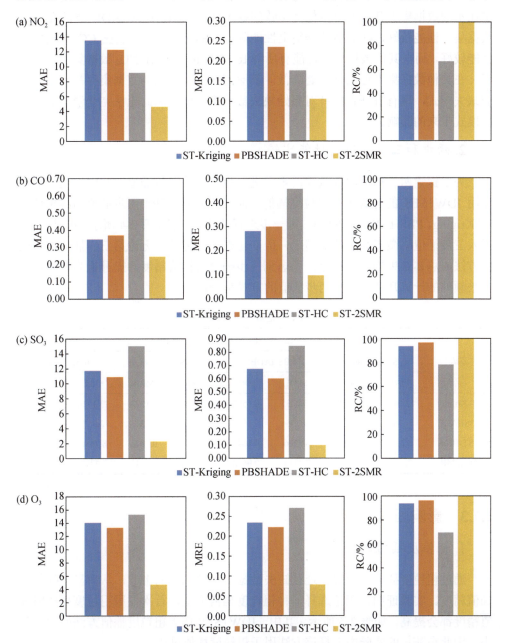

图 2-10　不同数据集上的插值性能（$NO_2$、CO、$SO_3$、$O_3$）

所提出的方法明显优于其他 3 种方法。在修复率方面，仅本章所提出的方法可以保证完全修复缺失数据。另外，综合几组实验进行分析可得，仅本章所提出的方法在不同数据集上其性能可以保持一致的稳定性。例如，PBSHADE 方法在 $SO_3$ 数据集上性能较好，在其他数据集上性能降低，ST-Kriging 方法在 CO 数据集上性能较好，而在其他数据集上性能有所降低，ST-HC 方法在 $NO_2$ 数据集上性能较好，在其他数据集上性能又显著降低。其原因在于，不同的数据集存在完全不同的缺失模式，现有方法直接针对原始缺失数据集插值，因此无法完全消除这种缺失模式带来的影响。

### 2. 两步和三步插值的性能比较

为了探索两步插值的收敛性，本章进一步引入了三步插值。其中，两步插值使用 IDW+SES 的方式进行粗粒度插值，而三步插值则基于两步插值的结果使用 ST-Kriging、PBSHADE 和 ST-HC 进一步进行插值，结果如表 2-4 所示。可以看到，引入三步插值略微提高了插值精度，但变化很小。另外，无论第三步插值选用何种方法，总体结果均趋于稳定。考虑到三步插值对插值精度的提升极为有限，且带来额外的计算开销，采用两步插值的方式是合理的。

**表 2-4　两步插值和三步插值性能对比**

| 方法 | 三步插值 | | | | | | 两步插值 | |
|---|---|---|---|---|---|---|---|---|
| | ST-Kriging | | PBSHADE | | ST-HC | | IDW+SES | |
| | MAE | MRE | MAE | MRE | MAE | MRE | MAE | MRE |
| ST-Kriging | 13.0498 | 0.1570 | 13.0235 | 0.1567 | 13.0741 | 0.1573 | 13.1726 | 0.1585 |
| PBSHADE | 12.7898 | 0.1539 | 12.7964 | 0.1539 | 12.8304 | 0.1543 | 12.9178 | 0.1554 |
| ST-HC | 8.7075 | 0.1048 | 8.7206 | 0.1049 | 8.6618 | 0.1042 | 8.7650 | 0.1054 |
| ST-2SMR | 7.4143 | 0.0651 | 7.4215 | 0.0652 | 7.4080 | 0.0641 | 7.4292 | 0.0470 |

## 2.7.3　影响因素分析

### 1. 粗粒度插值的影响

通过粗粒度插值，消除了连续缺失数据对后续插值的影响，从而显著提高了插值精度。实验证明，无论选择何种粗粒度插值方法，首次使用粗粒度插值时插值精度都会提高，如表 2-5 所示。其中，IDW+SES 作为粗粒度插值方法的误差最小，因此在随后的实验中选择该方法用于粗粒度插值过程。

**表 2-5　不同粗粒度插值方法的性能比较**

| 方法 | IDW+SES | | ST-Kriging | | PBSHADE | |
|---|---|---|---|---|---|---|
| | MAE | MRE | MAE | MRE | MAE | MRE |
| ST-Kriging | 13.1726 | 0.1585 | 13.6027 | 0.1636 | 13.6010 | 0.1636 |
| PBSHADE | 12.9178 | 0.1554 | 13.5883 | 0.1635 | 13.6081 | 0.1637 |
| ST-HC | 8.7650 | 0.1054 | 9.0637 | 0.1089 | 9.1601 | 0.1101 |
| ST-2SMR | 7.4292 | 0.0470 | 7.4826 | 0.0475 | 7.6002 | 0.0484 |

### 2. 数据缺失率对插值结果的影响

从算法 2-1 的描述中可以看出，粗粒度插值过程中，其插值结果主要受权重衰减因子 $\alpha$、平滑参数 $\beta$ 以及时间阈值 wc 的影响。根据 Yi 等（2016）的实验结果，当 $\alpha = 4$，$\beta = 0.85$ 时，在 $PM_{2.5}$ 数据集上，IDW 和 SES 方法可以获得最小的 MRE 和 MAE 值。对于时间阈值 wc 的设定，不同的取值对插值精度的影响很大。本章采用启发式搜索的方法，时间阈值初始值设定为 1，即以缺失数据为中心，取前 1h 和后 1h 的数据作为插值样本数据。如图 2-11 所示，随着时间阈值的取值不断增大，缺失数据的修复率不断增大，直至完全修复缺失数据。时间阈值设定的终止条件是保证在粗粒度插值之后，整个空间序列和时间序列无连续缺失的情况，以使得细粒度插值过程得到一个完整的插值结果。如图 2-11 所示，当 wc < 14 时，由于粗粒度插值过程中，数据集中依然存在整个空间序列或时间阈值范围内的时间序列完整缺失的情况，因此导致最终的细粒度插值仍会得到一个部分修复的结果。当 wc = 14 时，粗粒度插值结果消除了连续缺失的影响，因此在细粒度插值之后，其修复率为 100%。

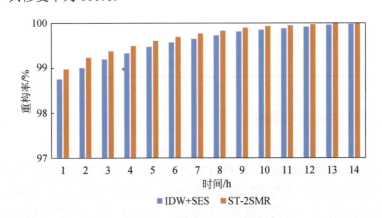

图 2-11　时间阈值对 ST-2SMR 的影响

### 3. 时空邻近样本个数对插值结果的影响

由于在细粒度插值过程中，需要在缺失数据所在的滑动窗口内，选择 ms 个空间周围采样点和 nt 个时间周围采样点，选取的样本点个数不同，对计算结果有不同程度的影响，如果选取的样本点数目较少，则难以抓取到时空数据间的相互关系，如果选取的样本点数目过多，则不仅会增加计算复杂度，而且冗余的样本数据参与计算同样会对插值精度带来影响。根据现有研究的实验结果，周围采样点的个数设定为 5~15 时，其插值结果较为理想。因此，分别在空间维度和时间维度设定 3 组邻接点选择模式（5、10、15），共 9 组实验，用以确定最适合的时空样本点数目。如表 2-6 所示，当 ms = 10，nt = 10 时，ST-2SMR 方法可以获得最优的性能。从整体的结果可以看出，不同的时空邻近样本点个数对修复率均无影响，其原因在于，在粗粒度插值过程中，已消除了连续块状数据对插值过程带来的影响。因此，每个缺失数据周围均可以取到观测值用于插值计算，从而可以使得整个数据集得到相应的估计值。

表 2-6  不同样本点个数对插值结果的影响

| 邻近样本的数目 | | MAE | MRE | RC/% |
|---|---|---|---|---|
| 空间 | 时间 | | | |
| 5 | 5 | 7.3300 | 0.0625 | 100 |
| 5 | 10 | 7.3276 | 0.0635 | 100 |
| 5 | 15 | 7.4736 | 0.0643 | 100 |
| 10 | 5 | 7.2787 | 0.0630 | 100 |
| 10 | 10 | 7.2285 | 0.0623 | 100 |
| 10 | 15 | 7.2761 | 0.0630 | 100 |
| 15 | 5 | 7.2952 | 0.0631 | 100 |
| 15 | 10 | 7.2892 | 0.0631 | 100 |
| 15 | 15 | 7.3332 | 0.0650 | 100 |

### 4. 滑动窗口大小的影响

图 2-12 呈现了静态和动态滑动窗口在 MAE 上的结果对比，其中静态滑动窗口指选取固定大小的滑动窗口，即针对数据集中的每个缺失数据，分别取其前 24h 和后 24h 的样本数据作为其窗口的起始时间点。而动态滑动窗口指本章采用的滑动窗口最优选择算法。从实验结果可以看出，滑动窗口最优选择算法通过时空交互信息动态选择每个窗口大小，使得插值精度得到很大的提升。

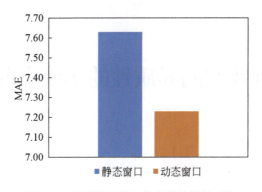

图 2-12 不同滑动窗口选择算法性能对比

## 2.8 本 章 小 结

考虑到现有方法在插值过程中未全面考虑时空数据的缺失模式、样本选择和时空关系，本章提出了一种时空缺失数据的渐进式插值方法，该方法首先探索时空数据集中的缺失模式，整合时间维度和空间维度信息进行粗粒度插值，得到一个部分修复的结果。然后在此基础上，考虑时空异质性进行细粒度插值，并在插值过程中设定滑动窗口以保证无冗余数据参与计算，大幅度提升插值精度。最后通过神经网络模型，对时空插值结果进行整合。利用北京空气质量数据集开展的实验证明，本章所提出的方法获得了比现有方法更好的性能。然而，由于神经网络的黑箱模式，如何在时空插值结果整合的同时，定量刻画出时空之间的非线性关系，是需要进一步思考的问题。

# 第3章 顾及空间异质性的集成空间推断方法

## 3.1 引　言

地理空间推断是应对空间数据稀疏分布的关键技术。当前基于单一建模策略的地理空间推断方法基于有限的训练样本无法进行有效的探索，推断精度与泛化性能存在很大局限性。相比于单一建模策略，集成多个模型的策略可以综合不同模型的优点来完成学习任务，在一定程度上避免插值模型选择的问题，在空间数据挖掘领域得到广泛的应用和认可（Liu et al.，2015；Hao and Tian，2019；Feng et al.，2020；Requia et al.，2020；Fang et al.，2021b）。然而，现有研究在设计集成策略时，通常基于样本独立同分布假设，使得不同基学习器的权重在整个空间范围内全局固定（Li，2019）。这使得每个基学习器在不同的空间位置被赋予相同的权重，忽略了复杂地理关系的空间异质性对模型集成过程的统计约束，从而极大地限制了空间推断方法的预测能力。尽管部分研究考虑空间异质性，采用地理加权回归模型获得一组基于空间位置的权重来集成不同基学习器的推断结果，在一定程度上提高了集成模型的稳健性（Requia et al.，2020）。然而，该模型在解算空间权重时采用的简单核函数结构，难以充分描述空间邻近性对集成权重的复杂非线性作用，导致复杂地理关系的空间异质性难以充分表达（Ge et al.，2019；Du et al.，2020，2021；Wu et al.，2021，Hagenauer and Helbich，2022）。鉴于以上背景，本章聚焦于如何在设计集成策略时精确表达空间异质性这一科学问题，提出了一种顾及地理空间异质性的集成空间推断方法（GSH-EL）。借助神经网络高度抽象的表达能力和高维动态的学习能力精确解算权重核函数，充分挖掘空间邻近性与模型集成权重的复杂非线性关系，实现了集成过程空间异质性的精确表达。

## 3.2 模　型　框　架

本章提出了一种顾及地理空间异质性的集成空间推断方法,整体框架如图3-1所示。首先，选取地理加权回归模型、地理最优相似度模型和随机森林模型作为集成框架的基学习器，将已知观测样本和未知待预测样本输入三种基学习器，得到基学习器输出特征向量。其次，根据已知观测样本的特征向量，使用最小二乘法计算基学习器全局平均集成系数。再次，将数据划分为训练集、验证集和测试集，构建空间加权集成神经网络模型，以空间邻近关系表达向量作为输入，求解权重核函数，得到基学习器空间异质性集成权重。最后，利用空间异质性集成权重和全局平均系数，整合不同基学习器的输出结果，得到最终的集成推断结果。

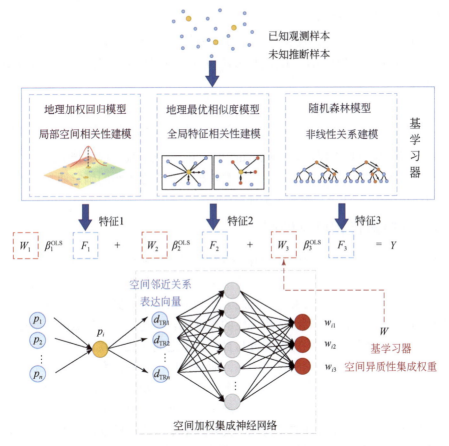

图 3-1　地理空间异质性集成学习模型定义

## 3.3　基学习器模型设计

### 3.3.1　地理加权回归模型

在地理关系建模中，空间异质性普遍存在。GWR 是处理空间异质性的主要手段之一（Brunsdon et al.，1996）。该方法通过设置局部空间权重对样本进行局部线性加权回归，将空间位置差异引起的空间关系变化嵌入回归系数的计算之中，即

$$y_i = \beta_0(u_i, v_i) + \sum_{j=1}^{p} \beta_j(u_i, v_i) x_{ij} + \varepsilon_i \qquad i = 1, 2, \cdots, n \qquad (3\text{-}1)$$

式中，$(u_i, v_i)$ 为第 $i$ 个样本点的空间坐标；$\beta_j(u_i, v_i)$ 为样本点 $i$ 的第 $j$ 个自变量回归系数，与空间坐标 $(u_i, v_i)$ 有关；$\varepsilon_i$ 为样本点 $i$ 的随机误差项，服从 $\varepsilon_i \sim N(0, \sigma^2)$，且 $\mathrm{Cov}(\varepsilon_i, \varepsilon_j) = 0\ (i \neq j)$。

在 GWR 模型中，通常使用加权最小二乘法（WLS）求解每个自变量的回归系数。令 $\beta(u_i, v_i) = [\beta_0(u_i, v_i), \beta_1(u_i, v_i), \cdots, \beta_p(u_i, v_i)]$，则样本点 $i$ 的回归系数 $\hat{\beta}(u_i, v_i)$ 可表示为

$$\hat{\beta}(u_i, v_i) = [X^{\mathrm{T}} W(u_i, v_i) X]^{-1} X^{\mathrm{T}} W(u_i, v_i) Y \qquad (3\text{-}2)$$

式中，$W(u_i, v_i) = \mathrm{diag}(w_{i1}, w_{i2}, \cdots, w_{in})$ 为空间位置 $(u_i, v_i)$ 处的权重矩阵，$w_{ij}$ 需要设置特定的权重核函数求解，如 Gaussian、Bi-square 核函数。根据带宽的类型，核函数可以分为固定核函数和自适应核函数。核函数带宽大小的确定通常采用修正的赤池信息准则（AICc）或交叉验证（CV）。

## 3.3.2 地理最优相似度模型

GWR 模型赋予空间距离接近的样本更大的权重，或仅将最优带宽内的样本参与局部加权回归计算，这限制了地理特征全局相关性的表达。因此，本书将地理最优相似度（GOS）模型（Song，2022）作为提出框架的第二种基学习器，从而实现局部空间相关性与全局特征相关性的深度耦合。地理最优相似度模型遵循地理学第三定律，假设样本的地理配置与目标变量之间存在关联。该模型不直接构建解释变量与目标变量之间的显式关系，而是使用一组解释变量表征样本的地理配置，通过计算待预测样本与全部已知观测样本地理配置之间的相似性，选取相似性较高的样本参与计算，将相似性信息作为权重进行加权预测。

解释变量之间存在较强的相关性，会导致多重共线性问题，过多的冗余因子会导致模型的精度降低。因此，GOS 模型选取方差膨胀因子（VIF）小于 5 的解释变量用于样本地理配置的构建。根据筛选得到的解释变量 $X$，GOS 模型的地理配置度量函数 $E(k,t)$ 的数学表达式如下所示：

$$E(k, t) = \exp\left(\frac{(X_k - X_t)^2}{2(\sigma^2 / \delta_t)^2}\right) \qquad (3\text{-}3)$$

$$\delta_v = \sqrt{\frac{\sum_{i=1}^{n}(X_{ki} - X_t)^2}{n}} \qquad (3\text{-}4)$$

式中，$k$ 为已知样本；$X_{ki}$ 为第 $i$ 个已知样本的解释变量值；$t$ 为未知待预测样本；

$X_k$ 为已知样本的解释变量值；$X_t$ 为未知待预测样本的解释变量值；$\sigma$ 为全部样本解释变量 $X$ 的标准差；$\delta_t$ 为未知待预测样本到全部已知样本平均偏差的平方根；$n$ 为已知样本个数。

通过最小算子 $P$ 得到未知待预测样本与各已知样本之间的相似度 $S$，如式（3-5）所示：

$$S = P\{E(k,t)\} \tag{3-5}$$

GOS 模型通常通过留一法交叉验证的方式设置合适的相似度阈值，高于该阈值的已知样本参与最终的加权计算，如式（3-6）所示：

$$\hat{Y}_t = \frac{\sum_1^m S(k,t)Y_k}{\sum_1^m S(k,t)} \tag{3-6}$$

式中，$\hat{Y}_t$ 为未知样本的推断结果值；$m$ 为相似度高于阈值的已知样本数量；$S(k,t)$ 为已知样本 $k$ 的地理配置相似度；$Y_k$ 为已知样本 $k$ 的目标变量值。

### 3.3.3　随机森林模型

在现实地理过程中，地理关系通常表现出复杂的非线性特征。相较于 GWR 模型建模解释变量与因变量的局部线性关系，决策树通过分裂特征生成树形结构，对数据中存在的非线性关系有良好的映射。对于离散型地理数据和连续型地理数据的空间推断任务，随机森林（RF）模型能够集成多棵分类与回归决策树（CART），通过袋装法取得比单个决策树更好的性能，在地理空间推断任务中得到广泛的应用。因此，本章使用随机森林模型作为第三种基学习器，进一步考虑地理关系的非线性特征。随机森林模型的实现流程如下：

（1）使用随机采样策略对输入的训练集进行重新采样，根据重新采样的结果将数据分配为 $M$ 个子训练集 $S_1, S_2, \cdots, S_M$。

（2）对 $M$ 个子训练集分别建立独立的决策树模型，得到 $M$ 棵决策树 $T_1, T_2, \cdots, T_M$。

（3）在 $P$ 个属性中随机选择 $p$ 个属性作为树节点分裂的特征集合，其中 $1 \leqslant p \leqslant P$，并从中选择最佳分裂特征，最终生成 $M$ 棵训练完成的决策树模型。

（4）使用训练完成的决策树 $T_1, T_2, \cdots, T_M$ 对测试集中的样本进行测试，对于回归任务求取各决策树输出结果的平均值作为随机森林模型的最终推断结果，对于分类任务则使用取众数的投票方法决定最终的分类结果。

# 3.4 集成策略设计

## 3.4.1 顾及空间异质性的集成策略设计

常用的异态集成学习策略包括投票法（voting）、平均法（averaging）、元学习法（meta learning）等。投票法适用于分类任务，依照少数服从多数的原则确定最终的输出类别。平均法包含平均集成（SA）与加权集成（WA）两种策略，SA 方法的输出预测是所有基学习器结果的平均值，WA 方法使用基学习器的精度评价指标作为权重进行加权平均得到最终的预测结果。元学习法旨在训练一个元模型将基学习器的输出作为输入，得到最终的预测结果。

当前的研究在设计集成元模型时，通常基于样本的独立同分布假设，使得不同的基学习器具有全局固定的权重。以线性回归（LinReg）模型作为元模型为例，模型对 GWR、GOS 与 RF 三种基学习器的输出向量 $F_{GWR}$、$F_{GOS}$ 和 $F_{RF}$ 进行全局回归，进而得到集成结果 $\hat{Y}$，集成方法如下：

$$\hat{Y} = \beta_0 + \beta_1 F_{GWR} + \beta_2 F_{GOS} + \beta_3 F_{RF} \tag{3-7}$$

式中，$\beta_0$ 为常数项系数；$\beta_k$ 为第 $k$ 个基学习器的输出特征的全局平均回归系数，$k=1,2,3$，可通过普通最小二乘法（OLS）计算得到。

由于地理要素的空间异质性，基学习器输出与最终集成结果之间的关系在不同空间位置呈现出差异性。普通线性回归模型解算得到的回归系数是基于所有数据样本的最优无偏估计，可视为整个研究区域内基学习器输出与最终集成结果之间关系的平均水平。这种关系在不同空间位置的差异性可认为是空间异质性在不同地理位置对平均水平产生的不同波动程度。因此，本研究为全局平均系数 $\beta$ 添加空间异质性集成权重矩阵 $W$，以度量这种空间上的波动程度。对于空间位置为 $(u_i, v_i)$ 的样本，集成结果 $\hat{Y}_i$ 计算如式（3-8）所示：

$$\hat{Y}_i = W_{i1}(u_i, v_i)\beta_1^{OLS} F_{iGWR} + W_{i2}(u_i, v_i)\beta_2^{OLS} F_{iGOS} + W_{i3}(u_i, v_i)\beta_3^{OLS} F_{iRF} \tag{3-8}$$

式中，$\beta_k^{OLS}$ 表示第 $k$ 个基学习器的全局平均集成权重，可通过普通最小二乘法计算得到，$k=1, 2, 3$；$W_{ik}(u_i, v_i)$ 表示第 $k$ 个基学习器在空间位置 $(u_i, v_i)$ 的空间异质性集成权重。显然，对于上述模型的实现，关键在于精确求解空间异质性权重 $W(u_i, v_i)$。

## 3.4.2 空间加权集成神经网络设计

在空间异质关系地理建模中，通常需要构建以空间邻近性度量为参数的权重核函数，利用局部最小二乘法求解回归系数。因此，权重核函数的精确求解是实现空间异质性精准建模的关键所在。尽管目前存在多种权重核函数结构，如高斯核函数、二次核函数等，然而这些核函数结构简单，难以充分描述空间邻近性对集成权重的复杂非线性作用，导致复杂地理关系的空间异质性难以充分表达。事实上，权重核函数的精确构建本质上属于复杂非线性问题的构造与求解。考虑到神经网络模型具有强大的复杂非线性问题求解能力，因此本章设计了一种地理空间加权集成神经网络（SWENN），实现对空间异质性权重矩阵 $W$ 的精确求解。

SWENN 模型以空间邻近关系表达向量作为输入，利用自身高维拓扑的网络结构和基于微分方程的梯度下降算法，实现空间邻近性与集成权重之间复杂非线性关系的神经网络表达。SWENN 模型的数学表达式如下：

$$W(u_i,v_i) = \text{SWENN}([d_{i1},d_{i2},\cdots,d_{in}]^{\text{T}}) \tag{3-9}$$

式中，$[d_{i1},d_{i2},\cdots,d_{in}]$ 为空间位置为 $(u_i,v_i)$ 的空间邻近关系表达向量；$n$ 为已知样本数量；$d_{ij}$ 为空间位置 $(u_i,v_i)$ 与空间位置 $(u_j,v_j)$ 之间的欧氏距离（Euclidean distance），计算方法如式（3-10）：

$$d_{ij} = \sqrt{(u_i - u_j)^2 + (v_i - v_j)^2} \quad j \in [1,n] \tag{3-10}$$

SWENN 模型采用多层感知机（MLP）作为 SWENN 的骨干网络，输入层与输出层之间设置两层隐藏层，输出层的维度与基学习器数量一致，最终得到维度为 3 的空间异质性集成权重 $W_i$。神经网络各层之间采用全连接进行串联，并引入 Dropout 技术增强网络的泛化能力。此外，隐藏层采用参数化修正线性单元（PReLU）作为激活函数，并采用 He 参数初始化方法设定初始参数。同时，引入批归一化层（BN）对数据进行归一化，以提高模型的训练速度。

## 3.5　顾及地理空间异质性的集成学习训练框架

GSH-EL 在集成策略中通过空间加权集成神经网络模型 SWENN 求解基学习器的空间异质性集成权重，而神经网络模型训练过程容易出现欠拟合或过拟合、梯度消失或梯度爆炸等问题。为了提高模型的优化训练能力，本章提出了 GSH-EL 方法的训练框架，如图 3-2 所示。主要步骤如下：

（1）使用已知样本以交叉验证的方式训练三种基学习器，将基学习器的输出作为特征生成新的重组数据集。

（2）将重组数据集按照比例随机划分为训练集、验证集和测试集三组。训练集用于模型参数的更新与学习，验证集用于每次迭代训练后模型的过拟合检测，测试集用于评判模型的推断结果与泛化能力。

（3）对 GSH-EL 中的所有参数进行初始化。根据训练集样本，通过普通最小二乘法计算每个基学习器的全局平均集成权重 $\beta$。

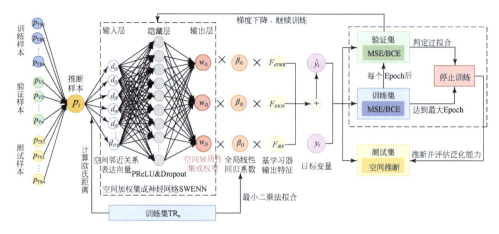

图 3-2   地理空间异质性集成学习训练框架

（4）计算预测样本 $p_i$ 到所有训练样本的空间欧式距离，构建空间邻近关系表达向量作为 SWENN 网络的输入。在每个 Epoch 的正向传播过程中，GSH-EL 将 SWENN 输出的空间异质性集成权重 $W_i$ 与平均集成权重 $\beta_i$ 相乘得到基学习器的集成权重系数，进而加权得到集成后的结果。计算该输出结果与目标变量真实值之间的损失，进行反向传播迭代更新模型参数，直至模型达到收敛。

（5）在训练过程中若验证集的精度指标出现连续上升或持平的趋势，即认为出现过拟合问题，则采用早停策略停止训练，返回有最小验证集误差的模型参数用于推断测试集样本。

# 3.6   案例 1：中国 PM$_{2.5}$ 浓度空间推断

## 3.6.1   实验设计

### 1. 实验数据

本研究使用 2018 年中国 PM$_{2.5}$ 浓度数据集来对提出的方法进行验证。PM$_{2.5}$ 是城市的主要空气污染物之一，与各种不利的健康影响高度相关。实现对 PM$_{2.5}$ 浓度高精度推断，进而掌握 PM$_{2.5}$ 浓度的空间分布，对污染物监测、预警和综合治理具有重要意义。PM$_{2.5}$ 浓度观测值来源于中国环境监测总站，考虑到 PM$_{2.5}$ 浓度受到高程、气溶胶浓度、温度、降水、风向、相对湿度、风速等因素的影响，本研究采用这 7 个解释变量进行 PM$_{2.5}$ 浓度的空间推断。气溶胶光学厚度（AOD）数据源自 1 级大气档案和分发系统分布式活动归档中心（Level-1 and Atmosphere Archive & Distribution System Distributed Active Archive Center，LAADS DAAC）

网站，其他变量来源于欧洲中期天气预报中心（ECMWF）平台公布的 ERA5 气象再分析数据。数据集的描述性统计如表 3-1 所示，共包含 1456 条观察记录，按比例随机划分为训练集（815 条）、验证集（204 条）和测试集（437 条），空间分布图如图 3-3 所示。

**表 3-1　PM$_{2.5}$数据集的统计描述**

|  | 平均值 | 最大值 | 最小值 | 标准差 |
|---|---|---|---|---|
| PM$_{2.5}$/($\mu$g/m$^3$) | 41.070 | 129.110 | 8.037 | 13.653 |
| 气溶胶光学厚度 | 530.23 | 1200.82 | 64.86 | 186.97 |
| 高程/m | 396.61 | 4525.00 | -6.00 | 660.73 |
| 温度/K | 287.702 | 297.213 | 271.645 | 5.270 |
| 降水量/m | $9.4 \times 10^{-5}$ | $2.1 \times 10^{-4}$ | $2.0 \times 10^{-6}$ | $4.7 \times 10^{-5}$ |
| 风速/(m/s) | 1.512 | 16.228 | $3.500 \times 10^{-7}$ | 2.074 |
| 风向/(°) | 150.481 | 238.715 | 81.689 | 44.255 |
| 相对温度/% | 62.217 | 86.685 | 24.962 | 12.406 |

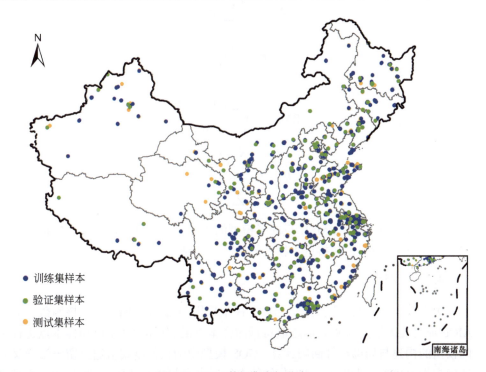

图 3-3　PM$_{2.5}$数据集空间分布

### 2. 基准模型

为了全面评估本章提出的方法，采用平均集成（SA-EL）、加权集成（WA-EL）、线性回归模型（LinReg-EL）和地理加权回归模型（GWR-EL）作为对比模型。其中，WA-EL 使用各基学习器的 $R^2$ 指标作为权重。LinReg-EL 采取最小二乘法计算全局加权系数。GWR-EL 使用 Python 的 mgwr2.1.2 包对比具有固定带宽 Fixed 与自适应带宽 Adaptive 的 Gaussian 与 Bi-square 核函数的结果，确定采用 Adaptive-Gaussian 核函数，通过 AICc 确定最优带宽为 257。

### 3. 评估准则

PM$_{2.5}$ 浓度作为连续值类型的变量，其空间推断属于回归任务。本章选取四类回归任务中常用的精度评价指标对框架的输出结果进行定量评价，包括平均绝对误差（MAE）、平均绝对百分比误差（MAPE）、均方根误差（RMSE）、决定系数（$R^2$），计算公式如下：

$$MAE = \frac{1}{n}\sum_{i=1}^{n}|\hat{y}_i - y_i| \qquad (3-11)$$

$$MAPE = \frac{1}{n}\sum_{i=1}^{n}\left|\frac{\hat{y}_i - y_i}{y_i}\right| \qquad (3-12)$$

$$RMSE = \sqrt{\frac{\sum_{i=1}^{n}(\hat{y}_i - y_i)^2}{n}} \qquad (3-13)$$

$$R^2 = 1 - \frac{\sum_{i=1}^{n}(\hat{y}_i - y_i)^2}{\sum_{i=1}^{n}(\hat{y}_i - \overline{y})^2} \qquad (3-14)$$

其中，MAE、MAPE、RMSE 反映了模型的推断误差，其值越小模型的推断性能越好。$R^2$ 值在 0～1，越接近 1 模型的推断性能越好。

### 4. 参数调优

关于基学习器的参数配置，GWR 模型采用 Adaptive-Bisquare 核函数，通过 AICc 确定最优带宽为 87，即选取待预测样本点最邻近的 87 个已知样本点进行空间权重的构建与局部线性回归计算。GOS 模型中的相似度阈值通过留一法交叉验证确定为 0.003，即相似度 3‰分位数内的样本参与相似性加权预测。RF 模型借助 Python sklearn0.24.3 中的 RandomForestRegressor 方法实现，通过格网搜索方法确定 RF 模型的模型参数细节，设置 250 棵子回归树，每个叶子节点至少包含 1 个样本，每个非叶子节点至少包含 2 个样本。

GSH-EL 中的空间加权集成神经网络模型 SWENN 由输入层、两层隐藏层与输出层共 4 层神经元组成。当隐藏层神经元数量较少时，模型的学习能力和信息处理能力有限，难以取得较好的精度结果，隐藏层神经元数量过多则大大增加网络结构的复杂性和训练成本，在学习过程中更易陷入局部最优点。因此，本章使用交叉搜索策略确定模型两层隐藏层中神经元的最优数量，从列表 [32,64,128, 256,512] 中选择第一层隐藏层的最佳神经元数量，从列表 [8,16,48,32,64] 中选择第二层隐藏层的最佳神经元数量，共设置 25 个模型进行交叉搜索实验。最终 GSH-EL 的网络结构与超参数设置如表 3-2 所示。三种基学习器模型以及 GSH-EL 的对比模型使用 Python3.7.10 实现，GSH-EL 模型使用 Python3.7.10 和 Pytorch1.9.0 实现。

表 3-2　GSH-EL 在 PM$_{2.5}$ 数据集上的网络结构与超参数设置

| GSH-EL | 输入层 | 隐藏层 1 | 隐藏层 2 | 输出层 | |
|---|---|---|---|---|---|
| | 815 | 256 | 32 | 3 | |
| 超参数 | 学习率 | 最大训练步长 | 优化器 | 批次大小 | 随机失活 |
| | 0.01 | 200 | Adam | 64 | 0.2 |

此外，实验使用均方误差（MSE）损失函数作为模型训练过程的损失函数和验证集过拟合评价指标，过拟合最大容忍数设置为 20 个 Epoch，若该指标连续上升或持平趋势超过此值，即认为出现过拟合现象，则停止训练，返回先前记录的最优模型参数。图 3-4 为 GSH-EL 训练过程与过拟合指标的性能随 Epoch 迭代数的变化情况。图 3-4 表明，训练过程中训练集的 MSE 损失一直下降，并在第 150 个 Epoch 后收敛，但验证集的 MAE 值在 Epoch=163 时降至最低值后开始维持上升或持平趋势，可认为模型出现过拟合问题，因此取 Epoch=163 时的模型作为最优的 GSH-EL 模型。

## 3.6.2　推断精度定量分析

3 种基学习器与 5 种集成学习方法在测试集上的实验结果如表 3-3 所示。基学习器中 GWR 模型在 RMSE 和 $R^2$ 指标上表现最优，RF 模型在 MAE 和 MAPE 指标上表现最优，GOS 模型对于离群样本比较敏感，精度在三个基学习器模型中最低。此外，5 种集成学习方法使用不同策略对基学习器输出进行集成，在测试集上的精度都比单一的基学习器模型精度高，证明了集成多个模型可以综合多个模型的优点来完成推断任务，可获得比单一模型更优秀的准确率和泛化能力。

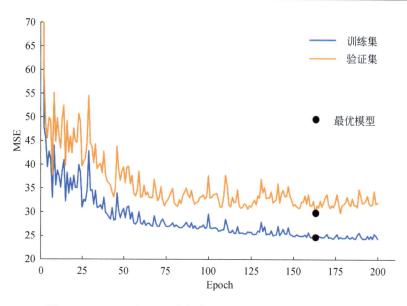

图 3-4　GSH-EL 在 PM$_{2.5}$ 数据集上训练集和验证集的表现差异

SA-EL、WA-EL 和 LinReg-EL 为基学习器赋予全局固定的集成权重，推断精度差异很小。GWR-EL 在集成过程考虑空间异质性，在 MAE 指标上优于 SA-EL、WA-EL、LinReg-EL。然而，GWR 模型采用 Adaptive-Gaussian 的简单核函数结果，限制了该模型的推断能力，导致在其他指标上相较于 SA-EL、WA-EL、LinReg-EL没有显著提高。本章提出的 GSH-EL 对权重核函数进行了重新解算，各项指标均优于现有的模型，表明在集成策略中实现空间异质性的精确表达可以有效提高集成模型的推断精度。

表 3-3　不同方法在 PM$_{2.5}$ 数据集测试集上的精度差异

|  | 模型 | MAE | MAPE | RMSE | $R^2$ |
|---|---|---|---|---|---|
| 基学习器 | GOS | 4.430 | 0.1216 | 6.060 | 0.8032 |
|  | GWR | 4.147 | 0.1138 | 5.770 | 0.8217 |
|  | RF | 4.029 | 0.1118 | 5.810 | 0.8191 |
| 集成方法 | SA-EL | 3.960 | 0.1079 | 5.517 | 0.8369 |
|  | WA-EL | 3.959 | 0.1078 | 5.516 | 0.8370 |
|  | LinReg-EL | 3.931 | 0.1055 | 5.553 | 0.8348 |
|  | GWR-EL | 3.915 | 0.1054 | 5.540 | 0.8356 |
|  | **GSH-EL** | **3.863** | **0.1052** | **5.433** | **0.8419** |

注：加粗表示该方法获得最优的推断精度，下同。

### 3.6.3 推断精度定性分析

为了进一步定性分析 GSH-EL 的推断性能,本章绘制了 WA-EL、LinReg-EL、GWR-EL、GSH-EL 四种集成模型在测试集上的预测值与真实值的散点图,如图 3-5 所示。GSH-EL 的散点图主要分布在 1:1 线附近,相关系数 $r$ 为 0.9177,在 3 个对比方法中最高。特别是对于测试集中的离群值样本,如 $PM_{2.5}$ 浓度在 $75\mu g/m^3$ 以上的数据样本,GSH-EL 模型的推断能力相对较强,证明 GSH-EL 模型对离群样本具有较强的适应能力,能够从已知样本中挖掘离群样本的空间分布规律,进而自适应赋予较小的集成权重。

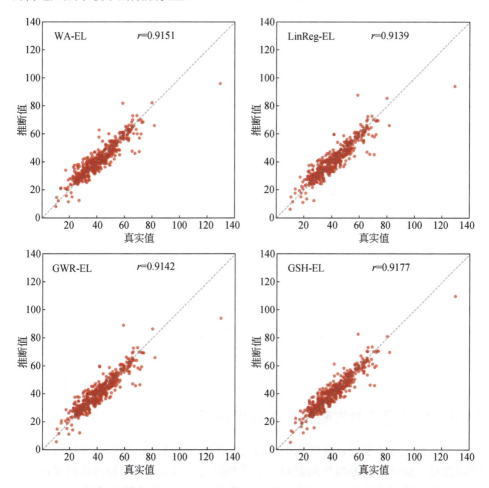

图 3-5 WA-EL、LinReg-EL、GWR-EL 及 GSH-EL 在 $PM_{2.5}$ 数据集上的表现对比

　　此外，本研究对 WA-EL、LinReg-EL、GWR-EL 和 GSH-EL 四种模型在测试集上推断结果的绝对误差进行了空间可视化，如图 3-6 所示。通过对比不同方法的推断误差在空间上的分布和占比发现，GSH-EL 模型推断结果的绝对误差大于 12 的样本数量占比 1.15%，与 WA-EL（3.20%）、LinReg-EL（2.98%）和 GWR-EL（3.21%）方法相比更低，并且 GSH-EL 模型中有 29.51% 的样本推断结果的绝对误差在 1.5 以内，多于 WA-EL（26.31%）、LinReg-EL（26.77%）和 GWR-EL（27.69%），这也是 GSH-EL 模型整体推断结果更好的原因。尽管在观测值较为稀疏的中国西部地区，GSH-EL 也能够得到更加准确的推断结果。这进一步说明 GSH-EL 模型具有鲁棒性，通过自适应地学习数据样本的空间异质性规律，从而有效提升集成模型的推断能力。

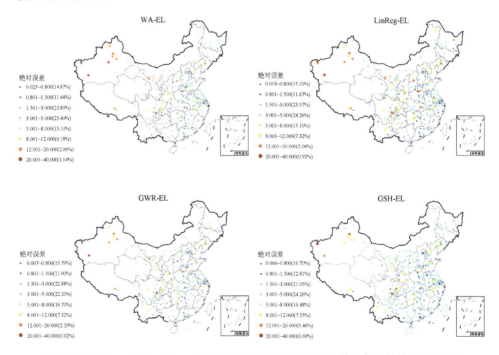

图 3-6　WA-EL、LinReg-EL、GWR-EL 及 GSH-EL 在 PM$_{2.5}$ 数据集上的绝对误差对比

## 3.6.4　基学习器对推断精度的作用分析

　　考虑到三种基学习器分别从不同的视角描述地理关系，为进一步探讨不同基学习器对 GSH-EL 推断精度的影响，本章利用三种基学习器的输出特征进行两两结合，训练得到三种不同版本的 GSH-EL 模型。例如，基于基学习器 GWR 和 RF 组合的集成模型与 GSH-EL 模型的区别在于移除了 GOS 模型，因此可以表征样本

的全局特征相关性对模型推断精度的影响。从实验结果可以看到，不同基学习器对最终结果的贡献不同（表 3-4），移除 GWR 模型对整体推断精度的影响较大，而移除 GOS 的影响相对较小。此外，对比单一基学习器的推断结果发现，即便移除了特定基学习器的输出特征，两两集成的模型依然可以获得比单一模型更好的推断精度，这再次证明了集成模型在空间推断任务中的优越性。而基学习模型表现越好，组合后的集成模型的推断精度越好。例如，三个基学习器模型中表现较好的 GWR 和 RF 模型集成后得到的结果优于 GOS 和 RF 的集成以及 GWR 和 GOS 的集成。总的来说，以上这些结果证明了基学习器对空间依赖关系的合理表达对提高集成模型的推断精度至关重要。

表 3-4　GSH-EL 在数据集上消融实验的精度对比

| 模型 | MAE | MAPE | RMSE | $R^2$ |
|---|---|---|---|---|
| GOS+RF | 3.951 | 0.1091 | 5.673 | 0.8276 |
| GWR+GOS | 3.978 | 0.1090 | 5.550 | 0.8350 |
| GWR+RF | 3.902 | 0.1062 | 5.511 | 0.8373 |
| **GWR+GOS+RF** | **3.863** | **0.1052** | **5.433** | **0.8419** |

# 3.7　案例 2：中国香港滑坡易发性空间推断

## 3.7.1　实验设计

### 1. 实验数据

滑坡易发性推断是指基于一系列地理环境条件，推断特定地区发生滑坡的可能性，从而有助于辨识和预防潜在灾害、制定土地利用规划和区域决策。本研究使用中国香港滑坡数据集对所提出方法进行实验。在香港范围内选取 1000 个历史滑坡样本点，使用土地类型、岩性、地面高程、坡度、曲率、坡向、归一化植被指数（NDVI）、水流强度指数（SPI）、地形湿度指数（TWI）、最邻近道路距离、最邻近排水距离、最邻近汇水距离、最近断层道路距离、变形速度共 14 个解释变量，对随机选取的 1000 个非滑坡样本点进行滑坡易发性推断。相关地理指标来源于中国科学院计算机网络信息中心和美国地质调查局（USGS）在线平台。数据集的描述性统计如表 3-5 所示，数据集按比例随机划分为训练集（1120）、验证集（280）和测试集（600），空间分布图如图 3-7 所示。

**表 3-5　滑坡易发性数据集的统计描述**

|  | 平均值 | 最大值 | 最小值 | 标准差 |
|---|---|---|---|---|
| 土地类型数 | 2.063 | 3 | 1 | 0.744 |
| 岩性数 | 2.422 | 3 | 1 | 0.742 |
| 地面高程/m | 136.475 | 930 | −23 | 136.486 |
| 坡度/(°) | 23.213 | 68.744 | 0.000 | 15.324 |
| 曲率/(°) | 31.331 | 79.936 | 0.000 | 20.205 |
| 坡向/(°) | 159.514 | 358.264 | −1 | 113.541 |
| NDVI | 6093.883 | 8361 | 0 | 1986.475 |
| SPI | 0.005 | 4.621 | −9.903 | 2.502 |
| TWI | 3.384 | 18.865 | 0.319 | 2.491 |
| 最邻近道路距离/m | 105.711 | 2116.337 | 0.000 | 166.874 |
| 最邻近排水距离/m | 464.809 | 4698.640 | 0.003 | 519.348 |
| 最邻近汇水距离/m | 2630.313 | 10739.570 | 0.000 | 2335.380 |
| 最近断层道路距离/m | 814.692 | 7281.344 | 0.533 | 827.112 |
| 变形速度/（mm/d） | −0.653 | 14.775 | −13.098 | 2.357 |

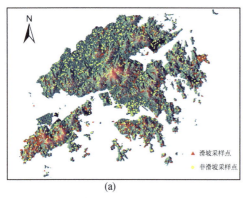 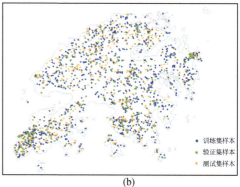

(a)　　　　　　　　　　　　　　　　　(b)

图 3-7　滑坡数据集的空间分布

（a）滑坡样本和非滑坡样本的空间分布；（b）3 类滑坡易发数据集的空间分布

## 2. 基准模型

采用投票法 Voting-EL、逻辑回归模型 LogReg-EL 和地理加权回归模型 GWR-EL 作为对比模型。其中，Voting-EL 采用少数服从多数的策略处理三种基学习器的二分类结果，LogReg-EL 使用 Python sklearn 库中的 LogisticRegression 方法实现，GWR-EL 采用 3.6.1 节类似的方法确定最优带宽为 130。

## 3. 评估准则

滑坡数据的空间推断任务的目的是推算某空间位置发生滑坡的概率，进而判断该位置是否发生滑坡，其属于二分类任务。因此，本章使用整体精度（OA）、精确率（Precision）、召回率（Recall）、F1 分数（F1-score）、马修斯相关系数（MCC）和交并比（IoU）6 种精度评价指标对滑坡数据的实验结果进行精度评价，计算公式如下：

$$OA = \frac{TP+TN}{TP+FP+TN+FN} \tag{3-15}$$

$$Precision = \frac{TP}{TP+FP} \tag{3-16}$$

$$Recall = \frac{TP}{TP+FN} \tag{3-17}$$

$$F1\text{-}score = \frac{2TP}{2TP+FP+FN} \tag{3-18}$$

$$MCC = \frac{TP \cdot TN - FP \cdot FN}{\sqrt{(TP+FP)(TP+FN)(TN+FP)(TN+FN)}} \tag{3-19}$$

$$IoU = \frac{TP}{TP+FP+FN} \tag{3-20}$$

式中，TP、TN、FP、FN 分别代表真正例、真反例、假正例和假反例。

## 4. 参数调优

关于基学习器的参数配置，采用 3.6.1 节类似的方法，确定各个模型的参数。GWR 模型的核函数为 Adaptive-Bisquare，最优带宽为 218。GOS 模型的相似度阈值为 0.01。RF 模型设置 300 棵子分类树。

GSH-EL 中的空间加权集成神经网络模型 SWENN 除了设置输入层、两层隐藏层与输出层共 4 层神经元之外，还为网络的输出层添加 Sigmoid 函数，将模型输出特征转化为 0～1 的概率值，进而判断是否发生滑坡。最终 GSH-EL 的网络结构与超参数设置如表 3-6 所示。GSH-EL 训练过程与过拟合指标的性能随 Epoch 迭代数的变化情况如图 3-8 所示。

表 3-6　GSH-EL 在滑坡易发性数据集上的结构和超参数设置

| GSH-EL | 输入层 | 隐藏层 1 | 隐藏层 2 | 输出层 | |
| --- | --- | --- | --- | --- | --- |
| | 1120 | 256 | 48 | 3 | |
| 超参数 | 学习率 | 最大训练步长 | 优化器 | 批次大小 | 随机失活 |
| | 0.01 | 120 | Adam | 64 | 0.15 |

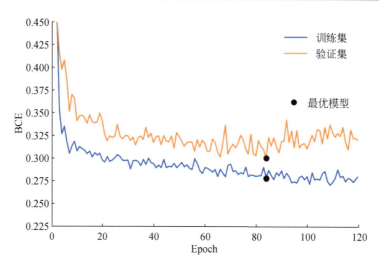

图 3-8　GSH-EL 在滑坡易发性数据集上训练集和验证集的表现差异

## 3.7.2　推断精度对比

3 种基学习器与 4 种集成学习方法在测试集上的实验结果如表 3-7 所示。投票法 Voting-EL 不输出样本滑坡易发性概率，因此根据除投票法外的其他 6 种模型方法的滑坡概率推断结果，绘制出受试者工作特征曲线（ROC），如图 3-9 所示。实验结果表明，3 种基学习器在滑坡数据集上的整体精度由高到低分别为 RF 模型、GWR 模型、GOS 模型，并且 4 种集成学习方法的 OA 等 6 种精度评价指标均优于 3 种基学习器。Voting-EL 直接处理 3 种基学习器的二分类结果，少数服从多数策略可以规避某个基学习器的判别错误，但多数基学习器推断错误时该方法并不能得到正确的结果，因此整体精度较低。相比于 LogReg-EL 对 3 种基学习器输出概率进行全局回归，得到全局固定的平均参数，GWR-EL 通过核函数局部加权计算集成权重，得到更加准确的推断结果，进而获得优于 Voting-EL 和 LogReg-EL 的集成结果。GSH-EL 能够更加精确地表达空间异质性，推断精度达到 89.5%，ROC 曲线下方面积（AUC）指标达到 95.63%，各项指标均达到最优，表现出更好的性能。

表 3-7　不同方法在滑坡易发性数据集测试集上的精度

| 方法 | 模型 | OA | Precision | Recall | F1-score | MCC | IoU |
|------|------|------|-----------|--------|----------|------|------|
| | GOS | 0.820 | 0.804 | 0.847 | 0.825 | 0.641 | 0.702 |
| 基学习器 | GWR | 0.852 | 0.863 | 0.863 | 0.849 | 0.704 | 0.738 |
| | RF | 0.855 | 0.823 | 0.903 | 0.862 | 0.713 | 0.757 |

续表

| 方法 | 模型 | OA | Precision | Recall | F1-score | MCC | IoU |
|------|------|-----|-----------|--------|----------|-----|-----|
| 集成方法 | Voting-EL | 0.865 | 0.850 | 0.887 | 0.868 | 0.731 | 0.767 |
|  | LogReg-EL | 0.870 | 0.868 | 0.873 | 0.870 | 0.740 | 0.771 |
|  | GWR-EL | 0.882 | 0.871 | 0.897 | 0.883 | 0.764 | 0.791 |
|  | **GSH-EL** | **0.895** | **0.881** | **0.913** | **0.897** | **0.791** | **0.813** |

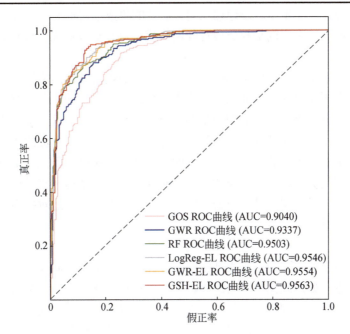

图 3-9　不同方法在滑坡易发性数据集测试集上的 ROC 曲线

AUC（area under curve）表示 ROC 曲线下面积

# 3.8　本 章 小 结

地理空间数据普遍存在稀疏分布的现象，地理空间推断方法是应对数据稀疏分布的关键技术。现有研究趋向于利用异质集成学习方法开展地理空间数据的建模，在环境监测、交通预测等领域取得了一定的应用效果。然而，现有研究在设计基于学习的集成策略时，通常采用全局固定的集成权重，忽略了空间异质性对集成策略的统计约束。而考虑空间异质性的集成策略在建模过程采用的简单核函数结构，难以充分描述空间邻近性对集成权重的复杂非线性作用，导致无法精确解算复杂地理关系的空间异质性，限制了模型的推断能力。

针对以上问题，本研究综合利用空间统计和机器学习方法，提出了一种顾及地理空间异质性的集成空间推断方法。该方法设计并实现了地理加权回归模型、地理最优相似度模型与随机森林模型 3 种基学习器，分别从不同地理关系表达的视角出发，建模地理要素的局部空间相关性、全局特征相关性和非线性关系。此外，提出地理空间加权神经网络模型构建空间邻近性与集成权重的复杂非线性关系，根据空间模式自适应集成基学习器，实现了集成策略中空间异质性的精确表达。最后，设计并实现了顾及地理空间异质性的集成学习框架，将 3 种基学习器的推断结果嵌入地理空间加权集成神经网络模型进行集成训练，得到更加准确的推断结果。

综合利用多个真实的城市和区域地理空间大数据对提出的方法进行全面的评估，包括在中国 PM$_{2.5}$ 空气质量数据集上开展连续型变量的回归预测任务，在中国香港滑坡数据集上开展离散型变量的二分类预测任务。实验结果表明，本章提出的顾及地理空间异质性的集成空间推断方法取得了比当前主流的集成学习策略更加准确的推断结果，验证了提出方法的有效性和适用性。因此，本章可以得出结论，在模型集成过程中精确表达空间异质性，可以有效提升集成模型的推断能力。此外，研究还发现，基学习器对空间依赖关系的合理表达对提高集成模型的推断精度至关重要。

尽管本章提出的方法表现出优异的推断性能，但仍存在一些局限性。首先，本章仅利用传统的欧式距离来表征空间邻近性。事实上，空间邻近性由多种距离相互作用产生，如地理拓扑网络距离、方位角距离、闵可夫斯基距离等。因此，未来需进一步研究空间邻近性的统一表达方法，以进一步提升权重核函数的求解精度。其次，本章借助神经网络的强大学习能力设计了顾及时空异质性的集成学习策略。然而，神经网络模型的黑箱过程一定程度上限制了集成模型的可解释性。后续研究需进一步探讨地理空间异质性对基学习器集成过程的作用机制，研究不同基学习器在集成过程中的作用强度和响应规则，从而提升目前集成方法的可解释性，增强对地理过程的理解。最后，本章的研究主要聚焦在空间异质性的表达，忽略了地理空间数据的时间非平稳性。因此，后续工作可开展顾及时空异质性的集成学习方法研究，以进一步拓展集成学习在地学领域的应用。

# 第4章 轻量级稀疏时空数据重构方法

## 4.1 引　言

随着传感器网络的不断普及和发展，地理空间数据呈现爆炸性的增长。然而，由于对空间和时间维度分析粒度更加精细化的需求也在同步增长，时空数据稀疏问题仍然存在，甚至变得更加紧迫。目前存在的处理时空数据稀疏问题的方案，可以粗略地分为机器学习方法和统计方法。基于机器学习的方法如矩阵分解、张量分解、半监督学习等，通常需要构建求解的目标函数，采用梯度下降等数值计算方法迭代训练模型以达到最优的重构精度。复杂的空间和时空统计学习插值方法如 HASM（岳天祥和杜正平，2016）、Kriging、PBSHADE、ST-HC、ST-2SMR等，通常需要逐点求解偏微分方程来计算插值样本最优权重。这些方法在重构精度上取得了一定的效果，但是由于模型求解的复杂性，通常难以部署。轻量级模型，如经典的 IDW 和 SES，因其简单易用而得到广泛应用。然而，任何单一的轻量级模型都无法同时捕获时空依赖性和非线性时空关系，因此难以满足稀疏时空数据重构精度的要求。

鉴于以上背景，本章提出了一个轻量级的时空插值模型（ST-ISE 模型）来解决时空数据稀疏分布的问题。通过整合多个轻量级模型，使得提出的重构模型保持轻量级架构，以便于在实际应用中部署。特别地，在空间维度采用改进的 IDW 算法，在时间维度采用改进的 SES 算法，选择 ELM 作为时空维度的集成策略。针对轻量级模型难以刻画时空依赖性的问题，在空间维度，引入相关性距离为每个空间邻居赋予权重来提高经典的 IDW 表达空间依赖性的能力；在时间维度，引入平均相关系数来自动选取时间窗口以提高 SES 表达时间依赖性的能力。最后，采用 ELM 作为训练算法来拟合时空非线性关系。

## 4.2 模型框架

本章提出的轻量级时空插值模型（ST-ISE 模型）整体架构如图 4-1 所示。首先，将具有空间静态和时间动态特征的时空数据抽象成统一的时空状态矩阵来表示，矩阵中灰色方块表示缺失数据。然后，采用集成学习的思想，分别从时间维度和空间维度的视角，利用改进的 SES 算法和 IDW 算法得到缺失数据的估计值，作为单隐层前馈神经网络的输入特征，同时引入极限学习机作为神经网络模型的学习算法，整合时空维度的估计结果得到缺失数据最终的预测值。

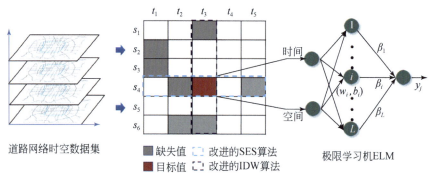

图 4-1　ST-ISE 模型的整体架构

# 4.3　时　空　表　示

通过对固定空间位置的空间对象进行连续采样，从而产生空间静态和时间动态的时空数据，如基于机动车行驶轨迹产生的历史交通状况数据。这些数据的采样过程在空间上是同步进行的，并按照相同的时间间隔进行预处理。因此，可以把它们抽象为统一的时空状态矩阵来表示。假设采样的空间对象的个数为 $M$，历史时间间隔长度为 $N$，则时空状态矩阵 $v \in \mathbb{R}^{M \times N}$ 可分别从空间维度和时间维度的视角表示。从空间维度的视角来看，$v = [s_1, s_2, \cdots, s_M]^T$，$s_i \in \mathbb{R}^N$ 表示第 $i$ 个空间对象的历史观测时间序列；从时间维度的视角来看，$v = [t_1, t_2, \cdots, t_N]$，$t_j \in \mathbb{R}^M$ 表示第 $j$ 个时间点的空间序列观测值。$v_{i,j}$ 表示第 $i$ 个空间对象在第 $j$ 个时间间隔的观测值，若 $v_{i,j} = \varnothing$，则表示时空状态矩阵中存在缺失值。时空数据的分离表示方式，可以方便从时间和空间维度分别建模，从而更好地抓取时空依赖性。

# 4.4　改进的 SES 算法

在时间维度，可以将稀疏时空数据的重构问题转化为传统的时间序列建模问题，利用缺失数据所在时刻的邻近历史时刻的样本来估计缺失值。SES 算法是经典的时间序列建模方法，被频繁用在时间序列建模领域。因此，本章选择缺失数据相邻历史时间间隔的样本数据来估计缺失值。SES 算法包含以下两个步骤：①选择历史时间窗口；②为时间窗口中的样本分配不同的权重。

　　传统的 SES 算法在选择历史时间窗口时面临两方面的挑战：第一，它仅使用缺失数据所在时间间隔之前的样本数据进行插值计算，而忽略之后的样本数据（Yi et al.，2016）；第二，SES 算法无法自动选择时间窗口。当时间跨度很大，会导致过多的不相关数据参与计算，从而降低插值精度。因此，本章对传统的 SES 算法做了如下扩展：首先，以缺失数据所在的时间间隔为中心，分别选取向前和向后的时间间隔的样本数据；其次，考虑到时空数据在较短的时间范围内仍然保持近似的相关性（Appice et al.，2014），因此，采用滑动窗口选择算法来选取最优的滑动窗口（参见 2.5.1 节），得到时间窗口的开始位置 wb 和终点位置 wf。改进的 SES 算法可以确保所选样本和缺失数据之间具有很强的相关性，并且消除了冗余的样本数据，从而减少了插值计算误差。对于不同时间间隔的缺失数据，时间窗口大小会动态改变，因此可以捕获地理过程的局部变化特征。

　　在确定了时间窗口之后，需要为时间窗口内的样本分配不同的权重。SES 算法假设数据之间具有很强的时间相关性，当样本数据所在时间间隔和缺失数据所在时间间隔的距离越近，则其贡献的时间权重也越大。在本研究中，为样本数据分配指数权重，并整合时间窗口中的样本数据，以确定时间维度中的缺失值。假设 $v_{i,j}$ 为时空状态矩阵中的缺失值：

$$\widehat{v_{i,j}^{t}} = \frac{\sum_{kb=1}^{wb} v_{i,j-kb} \cdot \gamma \cdot (1-\gamma)^{kb-1}}{\sum_{kb=1}^{wb} \gamma \cdot (1-\gamma)^{kb-1}} + \frac{\sum_{kf=1}^{wf} v_{i,j+kf} \cdot \gamma \cdot (1-\gamma)^{kf-1}}{\sum_{kf=1}^{wf} \gamma \cdot (1-\gamma)^{kf-1}} \quad (4-1)$$

式中，$\widehat{v_{i,j}^{t}}$ 表示缺失数据 $v_{i,j}$ 在时间维度的估计值；$v_{i,j-kb}$ 和 $v_{i,j+kf}$ 表示第 $i$ 个空间对象在时间间隔 $j-kb$ 和 $j+kf$ 的观测值，kb 和 kf 表示时间窗口内的样本数据与缺失数据 $v_{i,j}$ 之间的时间间隔长度；$\gamma$ 表示平滑参数，取值范围为 $[0,1]$，$\gamma \cdot (1-\gamma)^{kb-1}$ 和 $\gamma \cdot (1-\gamma)^{kf-1}$ 表示样本数据的前向和后向权重，离缺失数据所在时间间隔的距离越近，则赋予更大的权重。

　　如图 4-2 所示，$\widehat{v_{i,j}^{t}}$ 是缺失值，假设通过时间窗口算法得到窗口大小为 $t_1 \sim t_5$，则可以选择 $v_{4,1}$ 和 $v_{4,4}$ 作为重构的样本数据，按照式（4-1）得到缺失估计值。

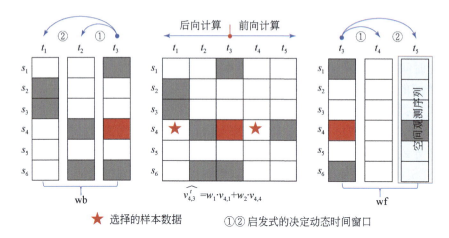

图 4-2   改进的 SES 算法获取缺失数据估计值的过程

# 4.5   改进的 IDW 算法

在空间维度，本研究采用 IDW 算法，利用邻近空间点的已知观测数据来估计未知数据，包含以下两个步骤：①选择候选样本数据；②为候选样本分配不同的权重。

IDW 算法定义距离函数以选择具有最大空间相关性的样本数据。当邻近空间点的距离与待插值点越近，则分配越大的空间权重值。该算法的关键在于如何合理定义距离函数。传统的 IDW 算法通常采用两个空间对象之间的欧几里得距离来刻画空间相关性。这一方法可以很好地描述研究区域的物理属性，然而忽略了空间对象关联的时空模式变化（Cai et al., 2016）。另外，当空间对象缺乏精确的空间坐标时，很难用欧几里得距离准确描述空间相关性。考虑到空间对象的时间序列之间的相关系数可以很好地反映时空模式的变化，本章采用相关系数作为距离度量函数，以反映时空模式的变化。

$$R_{i,k} = \frac{\text{Cov}(s_i, s_k)}{\sqrt{D(s_i)} \cdot \sqrt{D(s_k)}} \tag{4-2}$$

式中，$\text{Cov}(s_i, s_k)$ 用于计算两个空间对象的时间序列之间的协方差；$D(s_i)$ 用于计算标准差。

通过计算缺失数据所在时间序列和邻近空间对象的时间序列的相关距离，分别选取 nk 个最相关的候选样本用于推断缺失值。将较大的权重分配给更接近的空间对象，然后将这些候选样本进行汇总以确定空间维度的缺失值。

$$\widehat{v_{i,j}^{s}} = \frac{\sum\limits_{ns=1}^{nk} v_{ns,j} \cdot (R_{i,ns})^{-\varphi}}{\sum\limits_{ns=1}^{nk} (R_{i,ns})^{-\varphi}} \qquad (4\text{-}3)$$

式中，$\widehat{v_{i,j}^{s}}$ 表示缺失数据 $v_{i,j}$ 在空间维度的估计值；$v_{ns,j}$ 表示在选取的空间邻近集合中的第 ns 个空间邻居在时间点 $j$ 的观测值；$\varphi$ 为距离衰减参数；$R_{i,ns}$ 表示第 $i$ 个空间对象和第 ns 个选择的空间对象的相关性距离。

如图 4-3 所示，$\widehat{v_{4,3}^{s}}$ 是缺失值，可分别按照式（4-2）选择重构的样本数据。假设 $v_{2,3}$、 $v_{3,3}$ 和 $v_{5,3}$ 为选择的样本数据，则按照式（4-3）可得到估计值。

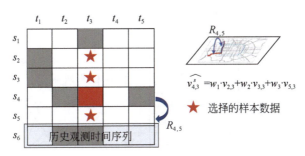

图 4-3　改进的 IDW 算法获得缺失数据估计值的过程

## 4.6　极限学习机

在获得时空维度上缺失的时空数据的估计值之后，选择单隐层前馈神经网络模型来拟合时间和空间之间的非线性关系，以获得缺失数据整合的估计值。神经网络模型的训练算法极大地影响重构精度（Durán-Rosal et al.，2016），且对其性能有很大的影响。传统的神经网络学习算法，如 BP 学习算法（Rumelhart et al.，1986），由于在训练过程中需要多次迭代来修正权值和阈值，因此需要较长的训练时间，并且很容易陷入局部极小值而无法获得全局最优解。此外，模型的性能对学习率也很敏感（Rigol et al.，2001）。极限学习机（ELM）作为一种典型的单隐层前馈神经网络学习算法，假设隐层节点是随机生成的，即隐层节点的参数随机分配（Huang et al.，2006），因此可以克服许多传统学习算法所遇到的学习瓶颈问题，具有泛化性能好、学习速度快等特点（Yu et al.，2013）。因此本章利用极限学习机的自学习特性，来模拟时空的交互过程，获取缺失数据的最终估计包括 3 个步骤：构建训练样本、训练 ELM 和获取缺失数据整合的估计值。

利用改进的 IDW 算法和 SES 算法得到的推断值 $\widehat{v_{i,j}^s}$ 和 $\widehat{v_{i,j}^t}$ 来构造样本集 $\mathcal{D}$，$\mathcal{D}=\{X,Y\}$，如图 4-4 所示。

$$X=\{(\widehat{v_{i,j}^s},\widehat{v_{i,j}^t})\,|\,\forall 1\leqslant i\leqslant M,1\leqslant j\leqslant N\}$$
$$Y=\{v_{i,j}\,|\,\forall 1\leqslant i\leqslant M,1\leqslant j\leqslant N\} \quad\quad (4\text{-}4)$$
$$\text{subject to}:\widehat{v_{i,j}^s}\neq\varnothing,\widehat{v_{i,j}^t}\neq\varnothing,v_{i,j}\neq\varnothing$$

假设通过式（4-4）得到的总样本数为 $P$，按照 8∶2 的比例将其划分为训练集和测试集，获取的训练样本数为 $Q$，则训练输入特征 $X=[x_1,x_2,\cdots,x_Q]\in\mathbb{R}^{2\times Q}$，训练输出特征 $Y=[y_1,y_2,\cdots,y_Q]^{\mathrm{T}}\in\mathbb{R}^Q$，$x_j\in\mathbb{R}^2$ 表示第 $j$ 个样本的输入特征，$y_j\in\mathbb{R}$ 表示第 $j$ 个样本对应的标签值。

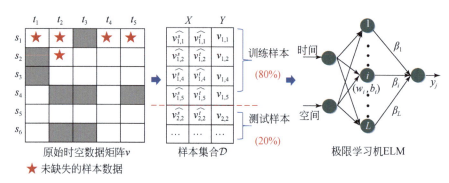

图 4-4  构建训练和测试样本的过程

在训练 ELM 模型之前，首先需要决定它的结构。单隐层前馈神经网络的结构如图 4-4 所示，包括输入层、隐藏层、输出层。输入层针对未缺失样本数据设置 2 个输入神经元。假设隐藏层的个数为 $L$，输入层和隐藏层的连接权重为 $W$，隐藏层和输出层的连接权重为 $\beta$，隐藏层神经元的偏置值为 $b$，则 $W=[w_1,w_2,\cdots,w_L]^{\mathrm{T}}\in\mathbb{R}^{L\times 2}$，$w_i\in\mathbb{R}^2$ 表示第 $i$ 个隐藏层神经元和输入神经元的连接权重向量。$\beta=[\beta_1,\beta_2,\cdots,\beta_L]^{\mathrm{T}}\in\mathbb{R}^L$，$\beta_i\in\mathbb{R}$ 表示第 $i$ 个隐藏层神经元和输出神经元的连接权重。$b=[b_1,b_2,\cdots,b_L]^{\mathrm{T}}\in\mathbb{R}^L$，$b_i\in\mathbb{R}$ 表示第 $i$ 个隐藏层神经元的偏置值。单隐层前馈神经网络可表示为

$$y_j=\sum_{i=1}^{L}\beta_i g\left(w_i^{\mathrm{T}}\cdot x_j+b_i\right),1\leqslant j\leqslant Q \quad\quad (4\text{-}5)$$

式中，$g(\cdot)$ 表示 Sigmoid 激活函数。神经网络参数 $w_i$ 和 $b_i$ 在训练之前随机产生。因此，只有输出参数 $\beta$ 需要训练。利用最小二乘法对式（4-5）求解以下学习问题

来获取神经网络的参数：

$$\underset{\beta}{\mathrm{argmin}} \, \| H\beta - Y \|$$

$$H = \begin{bmatrix} g(w_1^{\mathrm{T}} \cdot x_1 + b_1) & \cdots & g(w_L^{\mathrm{T}} \cdot x_1 + b_L) \\ \vdots & \ddots & \vdots \\ g(w_1^{\mathrm{T}} \cdot x_Q + b_1) & \cdots & g(w_L^{\mathrm{T}} \cdot x_Q + b_L) \end{bmatrix} \in \mathbb{R}^{Q \times L} \qquad (4\text{-}6)$$

获得的求解参数为 $\hat{\beta} = H^* Y$，其中 $H^*$ 为隐藏层的输出矩阵 $H$ 的 Moore-Penrose 广义逆。

完成 ELM 模型训练后，可以进一步得到缺失数据的估计值。详细过程如算法 4-1 所示。首先，检测出原始的时空数据矩阵 $O$ 中的所有缺失值（第一行）；其次，分别从时间和空间维度，执行改进的 IDW 和 SES 算法对缺失值进行估计（第 2～4 行）；再次，时空维度的估计值作为特征输入到训练完成的 ELM 模型来实现估计值的整合（第 5～6 行）；最后，当所有的缺失值被估计，返回修复完成的数据矩阵（第 7 行）。

**算法 4-1　获取整合的缺失估计值**

---

**输入**：原始的缺失数据矩阵 $v$

**输出**：修复的数据矩阵

**1**   $O \leftarrow$ *Get all missing values* $(v)$

**2 Foreach** missing value in $O$

**3**      $\widehat{v_{i,j}^t}$ = *Improved SES*（$v, \gamma$）

**4**      $\widehat{v_{i,j}^s}$ = *Improved IDW*（$v, \alpha, \varphi, pk, nk$）

**5**      $\widehat{v_{i,j}^{st}}$ = *ELM*（$\widehat{v_{i,j}^s}, \widehat{v_{i,j}^t}$）

**6**      Add $\widehat{v_{i,j}^{st}}$ into $v$

**7 Return**   $v$

---

# 4.7　实验设计与模型验证

## 4.7.1　实验设计

本节对提出的 ST-ISE 模型进行了全面的评估。首先，详细描述了实验设置，包括实验数据集、评估标准以及参数调整过程；其次，在此基础上，和现有基线方法进行了比较，以验证所提出模型的稀疏重构的准确性；再次，分析了空间和时间相关性对 ST-ISE 模型重构精度的影响；然后，运用 Freidman 检验和 $t$ 检验对不同模型的统计显著性进行了检验；最后，评估了不同模型的计算效率。

## 1. 实验数据

采用浮动车速度数据集来评估 ST-ISE 模型，数据集的详细描述如表 4-1 所示。该数据集由装有 GNSS 的营运出租车、载重货车、长途客车，在北京、天津、河北三个城市的城市内部、城际间高速公路、国省干道上行驶过程所产生的低频行驶轨迹产生。数据以 5min 为时间间隔进行实时采样，监测时间为 2018 年 4 月 15 日，总的时间间隔有 288 个。图 4-5 展示了三个城市道路网络的空间分布，其中北京道路网络包含 63477 条路段、天津道路网络包含 37706 条路段，河北道路网络包含 161523 条路段，分别用不同的颜色表示不同的研究区域。

表 4-1 道路网络交通速度数据集

| 数据集参数 | 信息 | | |
| --- | --- | --- | --- |
| 位置 | 北京 | 天津 | 河北 |
| 时间 | 2018 年 4 月 15 日 | 2018 年 4 月 15 日 | 2018 年 4 月 15 日 |
| 时间间隔/min | 5 | 5 | 5 |
| 空间对象的数目 | 63477 | 37706 | 161523 |
| 时间间隔的数目 | 288 | 288 | 288 |
| 缺失数据的数目 | 4755896 | 3951527 | 18942364 |
| 缺失率/% | 26.01 | 36.39 | 40.72 |

由于 GNSS 接收器引起的定位误差，原始的 GNSS 数据无法直接匹配到道路网络，因此采用地图匹配技术，将 GNSS 轨迹点精确地匹配到路段上，并计算每个路段的平均通行速度来表征路段的交通状态。进一步地，利用时空状态矩阵来表示原始数据集，通过统计矩阵中的缺失值来对数据集的分布情况进行统计。由于浮动车数据集的低频采样特性以及车辆分布的有偏性，在给定的时间间隔，并不是所有的路段均有装有 GNSS 的车辆通行，因此存在数据稀疏的情况。由表 4-1 可知，北京、天津、河北三个区域在 2018 年 4 月 15 日均存在不同程度的稀疏情况，分别为 26.01%、36.39% 和 40.72%。

## 2. 评估准则

本章采用平均绝对误差（MAE）、平均相对误差（MRE）作为评估准则，以验证所提出方法的重构精度。这两个误差函数的值越小，表明模型的重构精度越高，其计算公式如下：

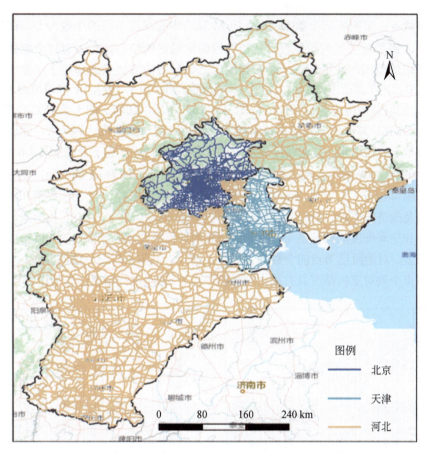

图 4-5　道路网络数据集

$$\text{MAE} = \frac{\sum\limits_{i=1}\sum\limits_{j=1}\left|\widehat{v^{\text{st}}_{i,j}} - v_{i,j}\right|}{\text{nt}}, \text{if } \widehat{v^{\text{st}}_{i,j}} \neq \varnothing \text{ and } v_{i,j} \neq \varnothing \qquad (4\text{-}7)$$

$$\text{MRE} = \frac{\sum\limits_{i=1}\sum\limits_{j=1}\left|\widehat{v^{\text{st}}_{i,j}} - v_{i,j}\right|}{\sum\limits_{i=1}\sum\limits_{j=1}v_{i,j}}, \text{if } \widehat{v^{\text{st}}_{i,j}} \neq \varnothing \text{ and } v_{i,j} \neq \varnothing \qquad (4\text{-}8)$$

式中，$v_{i,j}$ 为未缺失的测试样本的观测值；$\widehat{v^{\text{st}}_{i,j}}$ 为时空维度整合所得的估计值；nt 为测试样本的个数。

## 3. 参数调优

ST-ISE 模型的超参数包括 SES 算法中的指数平滑参数 $\gamma$，IDW 算法中的距离

衰减参数 $\varphi$；空间邻居个数 nk 以及 ELM 算法中隐藏层节点的个数为 $L$。在建模过程中，需要对模型的超参数进行校准以确定最优的模型结构。对每个参数设定一个粗略的范围，通过调试一个参数固定其他参数的方式来选择每个参数的最优值。其中，$\gamma$ 取值范围为 [0.1, 1.0]，$\varphi$ 的取值范围为 [1, 10]，nk 取值范围为 [1, 10]，$L$ 的取值范围为 [1, 30]。如图 4-6（a）所示，随着 $\gamma$ 的不断增大，改进的 SES 和 ST-ISE 算法的重构精度逐渐增大，当 $\gamma = 1$ 时重构精度达到最大。随着距离衰减参数 $\varphi$ 的值增大，重构精度逐渐增加，当 $\varphi = 5$ 时逐渐趋于平稳 [图 4-6（b）]。nk 对改进的 IDW 和 ST-ISE 算法的重构精度影响较小，随着 nk 的增加，变化趋于平缓 [图 4-6（c）]。从图 4-6（a）～图 4-6（c）整体来看，ST-ISE 模型和改进的 SES 以及改进的 IDW 算法呈现相同的变化趋势，其原因在于 ST-ISE 模型同时整合了时间和空间维度的插值结果，时间或空间的插值精度越高，整合的插值精度则越高。最后，对隐藏层节点的个数为 $L$ 进行了调试，由图 4-6（d）可以看到，合理的隐层节点个数对重构精度具有很大的影响，当 $L = 4$ 时重构精度达到平稳。

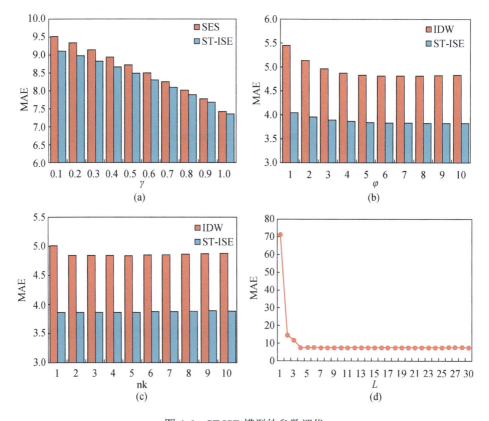

图 4-6　ST-ISE 模型的参数调优

## 4.7.2  重构精度比较

### 1. 不同数据集的重构精度

由于本章把时空数据的稀疏重构问题转化为插值计算过程,因此通过和现有 6 个插值模型的重构精度进行比较,从而对 ST-ISE 模型进行全面的评估,包括 ST-HC、ST-Kriging、PBSHADE、ST-2SMR、SES、IDW 算法。为了保证比较的公平性,所有实验均在相同的硬件设施上利用 MATLAB 2017a 实现。

表 4-2 呈现了不同方法在北京道路网络的浮动车数据集上的重构精度。PBSHADE 算法考虑空间异质性的存在,因此其重构精度优于 ST-Kriging 算法。ST-HC 算法在 PBSHADE 算法的基础上,进一步考虑时间异质性,但是利用线性的方式整合时空插值结果,反而降低了重构精度,证明了合理的耦合时空交互关系的重要性。ST-2SMR 算法考虑时空异质性,利用非线性的神经网络模型来整合时空插值结果,获得了相对中等的重构精度。SES 算法选取缺失数据所在时间点之前的样本数据参与插值计算,会导致不相关的样本参与计算,从而降低了重构精度。另外,采用固定时间窗口来选取样本,无法反映时空过程随时间的演化特征,因此重构精度较低。改进的 SES 算法(Improved SES)克服了传统 SES 算法的缺陷,利用自动窗口选择算法来选取最优的时间窗口,使得重构精度提升了 15.5%。IDW 重构精度最低,其原因在于,它在建模过程中,只利用路段中点之间的欧几里得距离来计算反向距离权重,无法精确刻画空间对象之间的空间依赖性。改进的 IDW 算法(Improved IDW)通过利用路段历史时间序列之间的相关性距离来代替传统的欧几里得距离为每个空间邻居赋予权重,重构精度提升了 40.13%,证明该方法更适合刻画道路网络的空间依赖性。本章提出的 ST-ISE 模型利用极限学习机来整合改进的 SES 和改进的 IDW 算法的插值结果,相比于现有模型,重构精度提升了 10.93%~52.48%。

表 4-2  模型重构精度的比较——北京道路行车速度数据集

| 方法 | MAE | MRE |
| --- | --- | --- |
| ST-HC | 5.0707 | 0.1103 |
| ST-Kriging | 5.5303 | 0.1203 |
| PBSHADE | 4.8003 | 0.1044 |
| ST-2SMR | 4.2893 | 0.0923 |
| SES | 5.0796 | 0.1100 |
| Improved SES | 4.2921 | 0.0935 |
| IDW | 8.0400 | 0.1754 |
| Improved IDW | 4.8136 | 0.1050 |
| **ST-ISE** | **3.8206** | **0.0832** |

为了进一步评估 ST-ISE 模型的泛化能力,分别选取天津和河北道路网络 2018 年 4 月 15 日的浮动车数据集比较了不同方法的重构精度,实验结果如表 4-3 和表 4-4 所示。不同研究区域的道路交通状况呈现不同的时空变化模式,因此各种方法呈现不同的重构精度。然而,重构精度的相对变化趋势是保持一致的,如 IDW 算法在两个数据集上均获得最低的重构精度,ST-2SMR 算法是现有方法中重构精度最高的算法。改进的 SES 算法和改进的 IDW 算法在天津数据集上分别获得了 16.61%～37.11%的重构精度的提升,在河北数据集上分别获得了 17.45%～31.05%的重构精度的提升,表明本章针对传统方法的改进策略具有有效性。ST-ISE 模型在所有比较的算法中,其 MAE 和 MRE 指标均低于其他模型,表现出良好的预测性能以及泛化能力。

表 4-3　模型重构精度的比较——天津道路行车速度数据集

| 方法 | MAE | MRE |
| --- | --- | --- |
| ST-HC | 6.0235 | 0.1214 |
| ST-Kriging | 6.5259 | 0.1316 |
| PBSHADE | 5.7830 | 0.1166 |
| ST-2SMR | 4.0897 | 0.0805 |
| SES | 4.9172 | 0.0982 |
| Improved SES | 4.1004 | 0.0828 |
| IDW | 7.4887 | 0.1518 |
| Improved IDW | 4.7099 | 0.0954 |
| **ST-ISE** | **3.6387** | **0.0735** |

表 4-4　模型重构精度的比较——河北道路行车速度数据集

| 方法 | MAE | MRE |
| --- | --- | --- |
| ST-HC | 5.6390 | 0.1098 |
| ST-Kriging | 5.3654 | 0.1045 |
| PBSHADE | 4.7688 | 0.0929 |
| ST-2SMR | 3.7602 | 0.0715 |
| SES | 4.8502 | 0.0936 |
| Improved SES | 4.0038 | 0.0782 |
| IDW | 5.7401 | 0.1124 |
| Improved IDW | 3.9576 | 0.0775 |
| **ST-ISE** | **3.3219** | **0.0648** |

## 2.特殊场景下的重构精度

本小节进一步测试了不同方法在特殊场景下的重构精度，以验证本章所提出方法的鲁棒性。选取 2018 年 5 月 1 日的道路网络的浮动车速度数据集来反映道路交通的通行情况，该时间为国际劳动节，在中国称为"五一小长假"，旅游出行量和道路交通通行压力较平常增大。图 4-7 呈现了在北京道路网络的节假日，各种方法的重构精度的比较结果。相比于整体精度，各种方法的重构精度均出现了轻微的下滑，主要原因在于五一劳动节是出行高峰期，道路交通的行车模式不同于正常工作日的变化模式。和整体结果类似，传统 IDW 算法利用欧几里得距离来度量空间依赖性，无法抓取道路网络交通模式的变化，因而重构精度最低。改进的 IDW 算法通过构造恒等距离使得重构精度提升了 39.64%。改进的 SES 算法引入动态滑动窗口，相比于传统 SES 算法，重构精度提升了 13.87%。ST-ISE 算法依然获得最高的重构精度，相比于现有模型，重构精度提升了 10.22%～48.06%。这些实验结果证明，本章所提出的改进策略增强了传统方法建模时空依赖性的能力，在复杂交通模式下依然可以保证重构精度的鲁棒性。

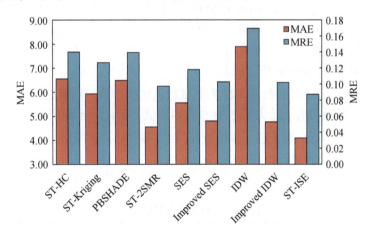

图 4-7　不同方法在节假日的稀疏重构精度

### 4.7.3　时空依赖性的影响

为了进一步探讨时空依赖关系对 ST-ISE 模型插值精度的影响，本章通过移除某一特定的时空依赖关系实现了三种不同版本的 ST-ISE 模型。例如，IDW、改进的 SES 和 ELM 模型的集成与本章提出的 ST-ISE 模型的区别在于利用未改进的 IDW 模型来得到空间维度的插值结果，因此可以表征空间依赖性的影响。类似地，改进的 IDW、SES 和 ELM 模型的集成与 ST-ISE 模型对比可以表征时间依赖性的影响；改进的 IDW、改进的 SES 和线性模型的集成与 ST-ISE 模型对比可以表征时空关系的非线性交互的作用。如表 4-5 所示，移除时间依赖性和时空关系的非线性相互作用对重构精度有较大影响，重构精度分别降低了 23.49%和 24.38%，而移除空间依赖性对插值精度的影响较小。实验结果再次证实，将时空依赖性准确地集成到建模阶段对于提高模型估算精度至关重要。

**表 4-5　时空依赖性对 ST-ISE 模型的影响**

| 方法 | MAE | MRE |
|---|---|---|
| IDW+Improved SES+ELM | 7.3782 | 0.0896 |
| Improved IDW+SES+ELM | 9.6086 | 0.1169 |
| Improved IDW+Improved SES+Linear | 9.7223 | 0.1170 |
| **Improved IDW+Improved SES+ELM（ST-ISE）** | **7.3519** | **0.0893** |

## 4.7.4　统计显著性检验

在本节中，描述了 Freidman 检验和 $t$ 检验在三个道路网络数据集上对不同方法的统计显著性。Freidman 检验是一种非参数统计检验（Friedman，1937），它为模型在每个测试数据集的重构精度进行排序，并比较各个模型的平均排序（Demšar，2006）。Freidman 检验的统计量 $\chi_F^2$ 服从自由度为 $K-1$ 和 $(K-1)(U-1)$ 的 $F$ 分布，其中 $K$ 为模型的数目，$U$ 为测试数据集的个数。结果如表 4-6 所示，在 5%的统计显著性级别，$\chi_F^2$ 大于 $F$ 分布的临界值。因此，拒绝所有算法具有相同重构精度这一原假设。为了进一步检验 ST-ISE 模型与其他模型之间重构精度的差异，选择了成对 $t$ 检验进行比较检验。表 4-6 表明，在 5%的统计显著性级别，ST-ISE 模型显著优于其他 8 个模型，表明该模型更适用于时空网状数据的稀疏重构问题。

**表 4-6　统计显著性检验结果**

| Freidman 检验 | $\chi_F^2$-statistic* | | $\chi_F^2$ (8，16)* | |
|---|---|---|---|---|
| | 36.5714 | | 2.5911 | |
| 方法 | ST-ISE 的成对双侧 $t$ 检验（平均 MAE=3.5937）* | | | |
| | $P$ 值 | $T$ 统计量 | | 平均 MAE |
| ST-HC | 0.0326 | −5.3991 | | 5.5777 |
| ST-Kriging | 0.0242 | −6.3174 | | 5.8072 |
| PBSHADE | 0.0460 | −4.5028 | | 5.1174 |

续表

| Freidman 检验 | $\chi_F^2$ -statistic[*] | $\chi_F^2(8,16)$[*] |
| --- | --- | --- |
| | 36.5714 | 2.5911 |

| 方法 | ST-ISE 的成对双侧 $t$ 检验（平均 MAE=3.5937）[*] | | |
| --- | --- | --- | --- |
| | $P$ 值 | $T$ 统计量 | 平均 MAE |
| ST-2SMR | 0.0004 | −51.3510 | 4.0464 |
| SES | 0.0041 | −15.6320 | 4.9490 |
| Improved SES | 0.0173 | −7.4958 | 4.1321 |
| IDW | 0.0238 | −6.3644 | 7.0896 |
| Improved IDW | 0.0215 | −6.7138 | 4.4937 |

[*] 显著性级别 5%。

## 4.7.5 计算复杂度和效率分析

由于 ST-ISE 模型是对多个轻量级模型的集成，因此计算效率很高。对于改进的 SES 算法，每次插值的计算复杂度为 $O(wb+wf)$。对于改进的 IDW 算法，每次插值的计算复杂度为 $O(nk)$。ELM 算法在训练阶段不需要任何的迭代，只需输出权重 $\beta$ 通过求解线性方程的方式获得，因此具有较高训练速度。求解权重参数 $\beta$ 的计算复杂度为 $O(QL)$。当完成 ELM 算法的训练，整合时空维度插值结果的计算复杂度为 $O(1)$。考虑到时间和空间插值结果是通过串行方法获得的，并整合以获得最终的估计值，因此，ST-ISE 模型每次插值的总时间成本为 $O(nk)+O(wb+wf)$。鉴于此，本章提出的 ST-ISE 模型具有扩展到大规模地理空间数据的潜力。

本研究在 64 位操作系统、16 GM RAM 和 3.4-GHz Intel i7 CPU 的设备上，计算了各个模型基于三个路网行车速度数据集的重构时间，如表 4-7 所示。简单的 SES 算法和 IDW 算法由于只需简单确定权重函数，因此计算时间最少。Improved SES 算法采用启发式算法来确定每个空间对象的插值样本，从而增加了计算的开销。Improved IDW 算法利用相关性距离来度量空间依赖性，因此并未增加额外的计算开销。复杂的空间或者时空统计方法如 ST-HC、ST-Kriging、PBSHADE、ST-2SMR 在插值过程中需逐点求解偏微分方程来计算插值样本最优权重，因此其计算复杂度明显高于简单的 SES 算法和 IDW 算法。其中，ST-HC 算法和 ST-2SMR 算法由于考虑时间异质性，导致计算时间进一步增加。本章提出的 ST-ISE 模型获得了相对中等的计算时间，其原因在于，该模型集合多个轻量级模型，在实现过程中，采用串行的方式得到时间和空间的插值结果，然后整合时空结果得到最终的预测值，因此其计算时间接近改进的 SES 和改进的 IDW 算法的插值时间之和。这是模型的计算效率可以进一步优化的地方，如采用并行计算的方式，同步获取时间和空间的插值结果。

表 4-7　不同模型的计算时间　　　　　　　　（单位：s）

| 方法 | 道路网络 | | |
|---|---|---|---|
| | 北京 | 天津 | 河北 |
| ST-HC | 120.8973 | 84.6095 | 300.4764 |
| ST-Kriging | 34.4595 | 20.7302 | 67.0081 |
| PBSHADE | 37.9289 | 23.2424 | 74.5582 |
| ST-2SMR | 80.4610 | 58.9819 | 208.6795 |
| SES | 6.6219 | 3.7614 | 13.2955 |
| Improved SES | 13.2779 | 7.8020 | 39.1191 |
| IDW | 16.4629 | 8.2449 | 27.7268 |
| Improved IDW | 16.1394 | 8.4571 | 28.2596 |
| **ST-ISE** | **34.5449** | **19.0918** | **79.1103** |

# 4.8　本章小结

对稀疏的地理空间数据进行准确重构是时空数据挖掘中的关键问题，主要面临的挑战是如何在确保模型易用性的同时将时空依赖性合理地整合到重构模型中。本章提出了一种轻量级的 ST-ISE 模型来应对这一挑战。通过多个轻量级模型的集成，从不同角度充分考虑了时空依赖性，以提高重构精度。在时间维度上，通过在传统 SES 模型中引入动态滑动窗口，捕获了地理过程的时空演化特征，从而提高了传统 SES 模型表达时间依赖性的能力。在空间维度上，通过考虑空间对象的时空模式，采用相关距离来取代传统 IDW 模型中的欧几里得距离，从而提高了传统 IDW 模型表达空间依赖性的能力。最后，考虑到现有的神经网络模型需要较长的训练时间并且容易出现局部极小化问题，因此引入了 ELM 来模拟时空关系的非线性交互。在实验部分，选取 3 个不同区域的道路网络行车速度数据集对本章提出的方法进行了全面的评估。主要结论如下：

（1）通过将提出的模型与现有的模型进行比较，ST-ISE 模型降低了 10.93%～

52.48%的平均绝对误差，表现出更高的重构精度。在交通异常场景下，ST-ISE 模型降低了 10.22%～48.06%的平均绝对误差，验证了其在极端条件下的鲁棒性。

（2）探讨了时空依赖性对提高 ST-ISE 模型重构精度的影响，验证了时间依赖性和非线性的时空交互关系在 ST-ISE 模型中起主导作用。

（3）通过 Freidman 检验和 $t$ 检验，ST-ISE 模型在重构精度上显著优于其他模型，通过了 5%显著性级别的统计检验。

# 第 5 章  顾及时空异质性的动态预测模型

## 5.1  引　　言

时空预测是时空数据挖掘领域的关键技术，旨在通过有效地表达时空数据内在的时空自相关性和时空异质性，建模时空变量之间的关系，实现对未知地理现象或过程的推测（邓敏等，2020）。当前大多数时空统计模型已经可以实现空间异质性和时间非平稳性的统一表达，如 STARIMA（Cheng et al.，2014）、GTWR（Huang et al.，2010）。然而，机器学习模型基于样本的独立同分布假设，违背了时空数据的时空异质性。例如，STKNN 模型忽略了空间异质性的存在，通常采用全局固定的模型结构，具体表现为在整个研究区域每个空间对象都具有固定的空间邻居、时间窗口、时空权重和时空参数，从而难以描述不同空间对象差异性的变化模式。针对整个时间范围建模的方式，忽略了时空过程的非平稳变化。这是预测模型无法获得满意结果的一个主要原因（Atluri et al.，2018）。

鉴于以上背景，本章提出了一个动态的 STKNN 模型（D-STKNN）。考虑到交通数据具有明显的时空特性，短时交通预测是典型的时空预测问题（Vlahogianni et al.，2014）。实时准确的交通预测是实现交通控制和交通诱导的关键。它有助于交通管理部门制定合理和高效的策略来缓解交通拥堵，实现道路网络交通流量的再分配，同时可以帮助大众实现准确的路径规划，具有很好的应用价值（Lv et al.，2014；Bezuglov and Comert，2016；Fusco et al.，2016）。因此，本章考虑道路交通的空间异质性和时间非平稳性特征，构建 D-STKNN 模型实现短时交通的高效预测。

## 5.2  模 型 框 架

本章构建的 D-STKNN 模型架构图如图 5-1 所示。模型整体分为两个部分，交通状况时空模式识别（AP 聚类算法）和时间区间划分（WKM 算法）构成了 AP-WKM 算法；STKNN 模型的自适应实现（Adaptive-STKNN）则利用 AP-WKM 算法产生的结果作为输入，实现短时交通预测。首先，利用三维张量来表示所有路段历史时刻的交通状况，每一个切面代表每个路段所有历史天的交通状况变化曲线。通过对每个路段历史天的交通状况求平均，利用平均速度向量来对每个路段进行特征表示。其次，利用 AP 聚类算法自动识别道路网络的交通模式，如交通模式 1 包含路段 1 和 2。针对每种交通模式，利用 WKM 算法自动划分时间区间，用于比较不同时间区间交通状况的变化差异。在此基础上，针对不同模式中，不同时间区间中的不同路段分别构建 Adaptive-STKNN，进一步刻画空间异质性。在 Adaptive-STKNN 构建过程中，利用时空状态矩阵表征路段每一时刻的交通状况，所有历史时刻的交通状况数据则堆叠形成时空三维立方体，并划分为历史时空数据集、训练时空数据集和测试时空数据集。在此基础上引入时空权重矩阵来定义权重欧几里得距离函数，从历史数据中寻找相似的交通模式，从而选取 $K$ 个候选邻居。最后，定义预测函数，整合 $K$ 个候选邻居下一时刻的交通状况值得到目标路段交通状况的预测值。

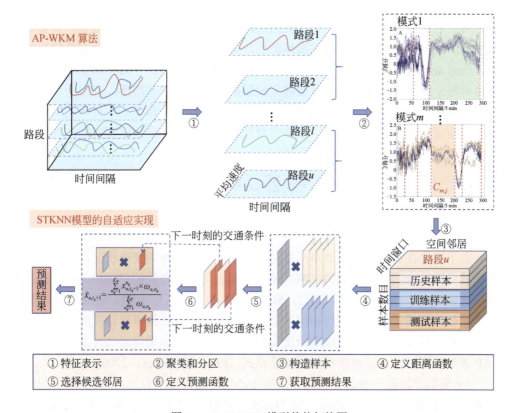

图 5-1　D-STKNN 模型整体架构图

# 5.3　时间非平稳性建模

## 5.3.1　特征表示

假设道路网络存在 $N$ 条路段，路段 $u$ 的历史交通状况可表示为 $X_u \in \mathbb{R}^{D \times T} = [x_{u,1}, x_{u,2}, \cdots, x_{u,d}]^T$，其中，$x_{u,d} \in \mathbb{R}^T$ 表示路段 $u$ 在第 $d$ 天的时间序列，$D$ 表示历史总天数，$T$ 表示一天中总的时间间隔，如按照 5min 的时间间隔进行采样，则 $T = 288$。因此，整个道路网络的历史交通状况可以用一个三维张量 $X$ 表示，$X \in \mathbb{R}^{N \times D \times T} = \{X_1, X_2, \cdots, X_N\}$，则 $x_{u,d,t}$ 表示路段 $u$ 在第 $d$ 天 $t$ 时刻的交通状况值。

考虑到路段交通状况在每天具有不同的时间变化曲线，如 $x_{u,d}$，从理论上来讲，每天的交通状况均对应一个聚类结果，因此需要执行 $D$ 次聚类过程，其会导致很大的计算开销。同时，在完成聚类后，采用聚类组合算法来组合重叠的聚类集（Fred and Jain，2005），会进一步增加模型的复杂度。为了简化模型的结构，本章对每个路段所有历史天的对应时间间隔的交通状况取平均值，利用平均时间序列 $\bar{x}_u$ 来表示每个路段的历史交通状况的平均变化模式。由于工作日和非工作日的交通模式存在显著的差异性，本研究只选取了工作日的交通状况数据，其形式化表示如下：

$$\bar{x}_u = \frac{1}{D}\sum_{d=1}^{D} x_{u,d}, \bar{x}_u \in \mathbb{R}^T \tag{5-1}$$

## 5.3.2　道路网络交通模式识别

由于路段在物理上通过道路网络相互关联，一个路段的交通状况在一定程度上受其周围路段的交通状况的影响，使得路段之间具有很强的空间相关性，出现共同演化模式（Zhang et al.，2012；Shekhar et al.，2015）。因此，在短时交通预测中，如何精确识别道路网络相似的交通模式，是提高预测模型精度的一个重要考虑因素。通过刻画每个路段的历史交通状况特征，可以采用近邻传播聚类算法（AP 聚类算法）来识别路段相似的交通模式（Frey and Dueck，2007）。

AP 聚类算法是一种新型的基于聚类中心的半监督聚类算法，被广泛用于图像分割、文本聚类等领域（Frey and Dueck，2007）。不同于传统的 K-Means 或 K-Medoids 聚类算法，它将所有样本点均看作潜在的聚类中心点，通过递归的交换和更新样本点之间的消息，直到出现一组好的聚类中心和相应的聚类。AP 聚类算法可以避免传统聚类方法初始中心选取不当造成的后果，可以自动确定数据中的聚类数目，并将已有的数据点作为最终的聚类中心，而不是生成一个新的聚类中心。AP 算法产生路段的交通模式共包含 4 个步骤，如图 5-2 所示。

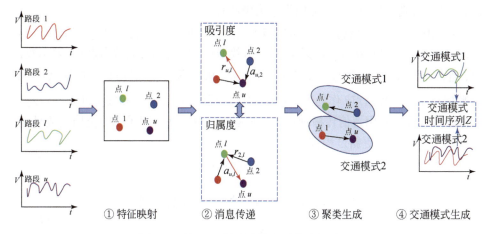

图 5-2　利用 AP 算法生成交通模式的过程

步骤 1：每个路段的平均时间序列被映射为 $T$ 维空间的数据点。

步骤 2：传递两种类型的信息，直到网络全局函数达到最大。

步骤 3：当网络收敛或达到一定的迭代次数时，获取每个数据点的聚类中心。

步骤 4：将数据点重新恢复为时间序列以获取道路网络的交通模式，其中每个聚类的中心点代表交通模式时间序列，如图 5-2 中的数据点 $u$ 和 $l$。

假设所有交通状况的特征数据集为 $U$，$U \in \mathbb{R}^{N \times T} = [\overline{x}_1, \overline{x}_2, \cdots, \overline{x}_N]^{\mathrm{T}}$，可以将 $\overline{x}_u$ 看作 $T$ 维空间内的 1 个数据点，则待聚类的数据点可用索引表示为 $\{1, 2, \cdots, N\}$。通过节点之间的双向信息传递直至收敛，使得网络全局函数最大，从而得到聚类中心集合。网络全局函数定义如下：

$$F = \underset{c_1, c_2, \cdots, c_N}{\mathrm{argmax}} \left\{ \sum_{u=1}^{N} s_{u, c_u} + \sum_{l=1}^{N} h_l \right\} \tag{5-2}$$

$$h_l = \begin{cases} -\infty, & \text{if } c_l \neq l \text{ but } \exists u : c_u = l \\ 0, & \text{otherwise} \end{cases} \tag{5-3}$$

式中，$F$ 为所有数据点聚类中心点的集合；$c_u \in F$ 为数据点 $u$ 的聚类中心点，相似度矩阵 $S \in \mathbb{R}^{N \times N} = \{s_{u,l}\}, u, l \in [1, N]$。$s_{u,l}$ 表示任意两数据点之间的相似度，使用欧氏距离的负值表示，$s_{u,l} = -\|\overline{x}_u - \overline{x}_l\|$，$s_{u,l}$ 的值越大表示数据点 $u$ 与数据点 $l$ 的距离越近，数据点 $l$ 作为数据点 $u$ 的聚类中心的能力越强。$s_{l,l}$ 称为参考度，通常取相似度的中位数，作为数据点 $l$ 能否成为聚类中心的评判标准。该值越大表明

该点成为聚类中心的可能性越大。$h_l$ 是对潜在代表点 $c_l$ 的惩罚。若数据点 $c_u$ 选择数据点 $l$ 作为其类代表点，即 $c_u = l$，那么数据点 $l$ 必须选择自身作为聚类中心点，即 $c_l = l$；否则，数据点 $l$ 不能成为聚类中心点。

在 AP 聚类算法迭代过程中传递两类信息，每种信息考虑不同类型的竞争，分别为吸引度 $r_{u,l}$ 和归属度 $a_{u,l}$。其中，$r_{u,l}$ 从数据点 $u$ 发送信息到数据点 $l$，表示数据点 $l$ 适合作为数据点 $u$ 的聚类中心的程度；$a_{u,l}$ 从数据点 $l$ 发送信息到数据点 $u$，描述数据点 $u$ 选择数据点 $l$ 作为聚类中心的适合程度。通过建立和聚类准则函数对应的因子图模型，应用置信传播理论进行信息的更新，使得因子图的全局函数最大，完成聚类。其信息更新过程按照如下公式：

$$r_{u,l} = s_{u,l} - \max_{l' \text{ s.t. } l' \neq l} (a_{u,l'} + s_{u,l'}) \tag{5-4}$$

$$\begin{cases} a_{u,l} = \min\left\{0, r_{l,l} + \sum_{u' \text{ s.t. } u' \neq \{u,l\}} \max(0, r_{u',l})\right\} \\ a_{k,k} = \sum_{i' \text{ s.t. } i' \neq k} \max(0, r_{i',k}) \end{cases} \tag{5-5}$$

当算法收敛或达到一定的迭代次数时，每个数据点 $u$ 的聚类中心 $c_u$，当且仅当 $l$ 满足：

$$c_u = \underset{l}{\operatorname{argmax}}(r_{u,l} + a_{u,l}) \tag{5-6}$$

AP 聚类算法不需要额外的超参数，描述过程如算法 5-1 所示，输入相似度矩阵 $S$，通过两类信息迭代更新和交换，直到收敛。在得到道路网络交通模式的聚类结果后，可获取到每个数据点的聚类中心集合 $F$ 和分区集合 $P$。因此，可以很容易计算道路网络存在的交通模式的数目 $M$、每种交通模式所包含的路段的集合 $\Psi_m$ 以及交通模式时间序列的集合 $Z$，则可推导出如下关系：

$$\begin{cases} P = \operatorname{unique}(F) = \{p_1, p_2, \cdots, p_M\} \\ M = \operatorname{length}(P) \\ \Psi_m = \{u \mid p_m = c_u\}, m \in [1, M] \\ N_m = |\Psi_m| \\ Z = \{\overline{x}_{p_1}, \overline{x}_{p_2}, \cdots, \overline{x}_{p_m}\}, \overline{x}_{p_m} \in \mathbb{R}^T \end{cases} \tag{5-7}$$

**算法 5-1　近邻传播聚类算法**

输入：相似度矩阵 $S$.

输出：聚类中心集合 $F$.

**1 Initialize** $a_{u,l} = 0$；

**2 while** $r_{u,l}$ and $a_{u,l}$ not convergent **do**

**3**　For each pair of points　$u$ ,　$l$ ,　update　$r_{u,l}$　according to（5-4）;

**4**　For each pair of points　$u$ ,　$l$ ,　update　$a_{u,l}$　according to（5-5）;

**5 End while**

**6**　$F = \{c_u \mid c_u = \underset{l}{argmax}(r_{u,l} + a_{u,l})\}$ ;

**7**　$P = unique(F) = \{p_1, p_2, ..., p_M\}$ ;

**8 Return**　$F$ .

## 5.3.3　细粒度时间区间剖分

考虑到交通状况的时间非平稳性以及周期性特点，在特定的时间区间，路段的交通状况具有统计同质性，交通模式趋向于稳定，并周期性变化。在不同的时间区间，交通状况表现出明显的差异性，如早高峰、晚高峰。因此，如何合理区分交通状况在不同时间区间的变化，识别每种交通模式的时间演化，是短时交通预测研究的重要考虑因素。通常，可针对交通模式的时间序列，通过聚类算法来实现数据的分区。然而，交通状况表现出明显的时间依赖性。在建模过程中，先前的信息（即来自先前连续时间间隔的测量结果）可用于建模并生成交通变量的后续值。传统的聚类算法，如 K 均值聚类（K-Means）、层次聚类，在聚类过程中，忽略了交通状况时间序列的连续性的特点。Warped K-Means 算法（WKM）通过强加顺序约束来改进传统 K-Means 算法，可扩展到时间序列分区上解决以上问题（Leiva and Vidal，2013）。

利用 WKM 算法自动划分时间区间的过程如图 5-3 所示。首先，利用 AP 算法获取的交通模式时间序列作为 WKM 算法的输入；其次，执行 WKM 算法的迭代过程以获得不相交的同质聚类。在初始状态中，初始化分区边界 $b_j$（图 5-3 中的＃迭代 0）。由于强加的顺序约束，在每步的迭代过程中，分区 $C_{m,j}$ 的前半部分中的样本只允许移动到 $C_{m,j-1}$（图 5-3 中的＃迭代 N），分区 $C_{m,j}$ 的后半部分的样本只允许移动到 $C_{m,j+1}$。最后，可以获取到时间分区的划分策略。

假设第 $m$ 个交通模式时间序列 $\bar{x}_{p_m} = \{z_{m,1}, z_{m,2}, \cdots, z_{m,T}\}$ ，$z_{m,t}$ 表示第 $m$ 个交通模式在时间间隔 $t$ 的交通状况，$t \in [1,T]$ 。时间序列分区的目的是划分 $\bar{x}_{p_m}$ 到 $k_m$ 个不相交的同质类 $\{C_{m,1}, C_{m,2}, \cdots, C_{m,k_m}\}$ ，$1 < k_m \ll T$ 。其中，$k_m$ 表示第 $m$ 个交通模式时间序列的分区个数，可在迭代过程中通过计算平均轮廓系数来自动确定，$n_{m,j} = |C_{m,j}|$ 表示第 $m$ 个交通模式下第 $j$ 个分区的样本数，$j \in [1,k_m]$ 。针对序列数据聚类问题，定义如下映射关系：

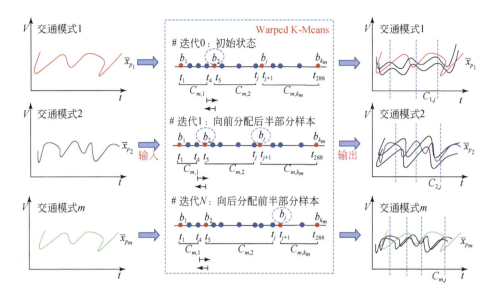

图 5-3  利用 WKM 算法自动划分时间区间

$$b:\{1,2,\cdots,k_m\}\mapsto\{1,2,\cdots,T\} \tag{5-8}$$

$$C_{m,j}=\{z_{m,b_j},\cdots,z_{m,b_j+n_{m,j}-1}\} \tag{5-9}$$

式中，$b_j$ 为第 $m$ 个交通模式下第 $j$ 个分区 $C_{m,j}$ 的左边界。可定义一个准则函数 $J_m$ 来度量分区的质量，通过寻找一个分区策略使得准则函数达到最优：

$$\begin{cases} J_m=\sum_{j=1}^{k_m}H_{m,j} \\ H_{m,j}=\sum_{t=b_j}^{b_{j+1}-1}\|z_{m,t}-\mu_{m,j}\| \\ \mu_{m,j}=\frac{1}{n_{m,j}}\sum_{t=b_j}^{b_{j+1}-1}z_{m,t} \end{cases} \tag{5-10}$$

其中，$H_{m,j}$ 描述了分区 $C_{m,j}$ 的异质性；$\mu_{m,j}$ 为分区 $C_{m,j}$ 的均值。利用逐样本迭代的优化策略来最小化平方误差和（SQE），直到分区边界点不再移动（Frey，1998）。在每一步的迭代过程中，由于强加的顺序限制，聚类 $C_{m,j}$ 中前半部分的样本只允许移动到 $C_{m,j-1}$，后半部分的样本只允许移动到 $C_{m,j+1}$。在聚类 $C_{m,j}$ 中样本 $z_{m,j}$ 移动到聚类 $C_{m,l}$，$C_{m,l}\in[C_{m,j-1},C_{m,j+1}]$，产生的 SQE 的变化如式（5-11）所示。

$$\Delta J_m(z_{m,j},j,l)=\frac{n_{m,l}}{n_{m,l+1}}\|z_{m,j}-\mu_{m,l}\|-\frac{n_{m,j}}{n_{m,j+1}}\|z_{m,j}-\mu_{m,j}\| \tag{5-11}$$

当且仅当 $\Delta J(z_j, j, l) < 0$ 时，才重新分配该样本并更新聚类均值和 SQE，更新公式如式（5-12）所示。通过 WKM 算法，输入由 AP 算法识别的 $M$ 种交通模式的时间序列，即可得到交通模式的时间区间划分策略。

$$\begin{cases} \mu'_{m,j} = \mu_j - \dfrac{z_j - \mu_j}{n_j - 1} \\[2mm] \mu'_{m,l} = \mu_l + \dfrac{z_j - \mu_l}{n_l + 1} \\[2mm] J'_m = J_m + \Delta J_m(z_{m,j}, j, l) \end{cases} \tag{5-12}$$

## 5.4　空间异质性建模

在自动识别道路网络的交通模式以及获取每种交通模式的分区策略后，考虑空间异质性的存在，可针对不同模式下不同时间区间中的不同路段构建 STKNN 模型的自适应过程（Adaptive-STKNN），实现短时交通预测。如图 5-4 所示，Adaptive-STKNN 包括时空状态矩阵的定义、距离函数的定义、预测值的生成。首先，考虑交通状况的空间异质性，对不同的路段单独处理，分别选取合适的空间邻居和时间窗口，构造时空状态矩阵描述交通状况。其次，引入时空权重矩阵来定义距离函数，度量当前时空状态矩阵和历史时空状态矩阵之间的距离，选取 $K$ 个最近的邻居，整合以得到目标路段的预测值。

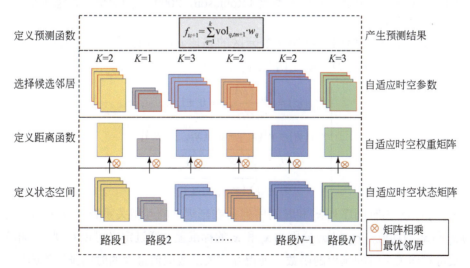

图 5-4　STKNN 模型的自适应过程

### 5.4.1 自适应的时空状态矩阵

自适应的时空状态矩阵反映的是预测路段与其周围路段的时空相关性。构建时空状态矩阵时，首先需要确定其维度，即与预测路段相关的路段的个数和时间窗口长度。考虑到道路网路空间异质性的特点，自适应的时空状态矩阵应该包含两个关键的概念：自适应的空间邻居和自适应的时间窗口，表明空间邻居的大小和时间窗口长度随不同的空间位置改变。接下来将重点讨论如何自动选取时空状态矩阵的两个维度以解决 KNN 模型的维度灾难问题。

#### 1. 自适应的空间邻居

自适应的空间邻居用于决定预测路段当前的交通状况受周围哪些路段的影响，即确定路段之间的空间相关性。需要注意的是，本章参考 Cai 等（2016）的工作，建立了路段的连接层次结构，并将预测路段的三阶拓扑邻居识别为周围的路段。其中，一阶拓扑邻居直接与预测路段连接；二阶拓扑中的路段直接与一阶拓扑邻居连接；三阶拓扑邻居表示直接连接到二阶拓扑邻居的路段。传统的方法通常计算预测路段和周围其他路段时间序列的相关系数，设定阈值来选取与之相关的道路路段。考虑到道路网络存在多个内在和外在的因素，如交通信号灯的影响，使得周围路段对预测路段的影响会产生一定的滞后性，因此相关系数无法精确地表达这种延迟的时空关系。互相关函数是相关系数函数的延迟版本，可度量两个时间序列在特定延迟的相关系数（Robinson，2009），因此更适合描述交通流的时空依赖关系。

假设第 $m$ 个交通模式的第 $j$ 个分区的路段 $u$ 的所有天的历史时间序列为 $\boldsymbol{x}_u \in \mathbb{R}^{T_{m,j}}$，$T_{m,j} = n_{m,j} \cdot D$。给定两个路段 $u$ 和 $l$，互相关函数 $f_{u,l}(\varphi)$ 可定义为

$$
\begin{cases}
f_{u,l}(\varphi) = \dfrac{\gamma_{u,z}(\varphi)}{\sigma_u \sigma_l}, \varphi = 0, \pm 1, \pm 2, \cdots, \\
\gamma_{u,l}(\varphi) = E[(\boldsymbol{x}_{u,t} - \mu_u)(\boldsymbol{x}_{l,t+\varphi} - \mu_l)] \\
\sigma_u = \sqrt{\sum(\boldsymbol{x}_{u,t} - \mu_u)^2} \\
\sigma_l = \sqrt{\sum(\boldsymbol{x}_{l,t+\varphi} - \mu_l)^2}
\end{cases}
\tag{5-13}
$$

式中，$\gamma_{u,l}(\varphi)$ 为时间序列 $\boldsymbol{x}_u$ 和时间序列 $\boldsymbol{x}_l$ 在延迟 $\varphi$ 的互相关系数；$\mu_u$ 和 $\mu_l$ 分别为 $\boldsymbol{x}_u$ 和 $\boldsymbol{x}_l$ 的均值；$\sigma_u$ 和 $\sigma_l$ 分别为 $\boldsymbol{x}_u$ 和 $\boldsymbol{x}_l$ 的标准差。通过定义可以看到，互相关函数可看作关于时间延迟的函数，使得互相关函数取值最大的时间延迟值即周围路段 $l$ 对预测路段 $u$ 影响的平均延迟时间（Yue and Yeh，2008），即满足：

$$\psi_l = \left| \underset{\varphi}{\operatorname{argmax}} \left( f_{u,l}(\varphi) \right) \right|, u, l \in \Psi_m \tag{5-14}$$

式中，$\psi_l$ 为周围路段 $l$ 对预测路段的最大时间延迟值，刻画了周围路段对预测路段的最大影响时间范围，可用于实现空间邻居的高效选取。给定某预测路段 $u$ 及其预测时间范围 $\Delta t$，只有当周围的路段在该预测时间范围内才能对预测路段产生影响，超出这一时间范围的路段则被排除，其形式化定义为

$$\mathcal{R}_u \leftarrow \{ l \mid \forall 0 \leqslant \psi_l \leqslant \Delta t \} \tag{5-15}$$

式中，$\mathcal{R}_u$ 为路段 $u$ 的空间邻居集合。通过计算周围路段与预测路段之间的互相关值 $f_{u,l}(\varphi)$，得到其相应的最大时间延迟值 $\psi_l$，最后将所有满足条件 $0 < \psi_l < \Delta t$ 的路段加入集合 $\mathcal{R}_u$ 中，即可实现对路段 $u$ 的空间邻居的选取。如图 5-5 所示，以路段 1 作为预测路段为例，选取 5min 间隔采样的交通流数据，并设定 5min 的预测时间间隔（对应 1 个时间延迟），即实现单步预测，分别计算路段 2～5 与路段 1

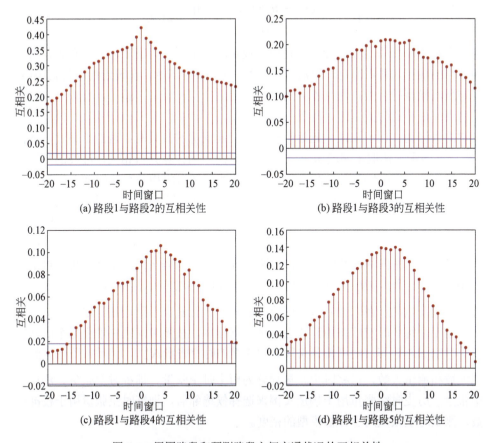

(a) 路段1与路段2的互相关性　　　　(b) 路段1与路段3的互相关性

(c) 路段1与路段4的互相关性　　　　(d) 路段1与路段5的互相关性

图 5-5　周围路段和预测路段之间交通状况的互相关性

的互相关性 [对应图 5-5 中的 (a) ~ (d)]。其中，图 5-5 (a) 的最大时间延迟为 0，图 5-5 (b) 的最大时间延迟为 1，图 5-5 (c) 的最大时间延迟为 4，图 5-5 (d) 的最大时间延迟为 3。通过以上定义，所有时间延迟需满足 $0 \leqslant \psi_i \leqslant 1$。因此，路段 2 和 3 可作为路段 1 的邻居，路段 4 和 5 则被排除。

### 2. 自适应的时间窗口

从时空状态矩阵的构造可以看出，时间窗口长度决定了时空状态矩阵的时间维度。因此，如何合理确定时间窗口的长度，是构造时空状态矩阵的另一个关键问题。考虑到时间窗口的选取是从预测路段时间序列本身出发，选取之前 $n$ 个和预测路段具有相关性的历史交通状况，而自相关函数通常用来度量时间序列和其延迟版本之间的相关性，因此，可用于时间窗口的选取，即使得预测误差最小的时间延迟可作为设定的窗口大小。给定预测路段 $u$，自相关函数 $\rho_u(\delta)$ 可定义为

$$\rho_u(\delta) = \frac{E[(\boldsymbol{x}_{u,t} - \mu_u)(\boldsymbol{x}_{u,t-\delta} - \mu_u)]}{\sigma_u^2}, \delta = 0, 1, 2, \cdots \quad (5\text{-}16)$$

在利用自相关函数进行时间窗口的设定时，主要分为三个步骤：首先，考虑到计算的限制，需要确定时间延迟的最大取值范围；其次，在设定的取值范围内，固定预测模型的参数，利用不同的时间延迟进行交叉验证；最后，选取使得预测模型误差最小的时间延迟，即最优的时间窗口。其中，交叉验证的最大时间延迟设定的依据为：保证在最大延迟范围内，交通状况的值具有显著的相关性。如图 5-6 (a) 所示，选取了路段 $u$ 的交通状况时间序列计算其自相关，红线的高度表示交通流在相应时间延迟的相关性，两根蓝线分别对应相关系数的 95% 置信间隔区间，当时间延迟 1~9 时，交通状况表现出显著的相关性，因此最大时间延迟值设定为 9。在获得最大时间延迟值后，计算不同时间延迟的预测误差，如图 5-6 (b) 所示。当时间延迟为 2 时，预测误差最小，因此，最终时间窗口的大小设定为 2。

在获取了空间邻居和时间窗口，路段 $u$ 在时间间隔 $t$ 的时空状态矩阵可定义为 $\boldsymbol{M}_{u,t} \in \mathbb{R}^{N_{u,s} \times N_{u,c}}$，$N_{u,s} = |\mathcal{R}_u| \in [1, N_m]$ 表示路段 $u$ 的空间邻居数目。$N_{u,c} \in [1, T_{m,j}]$ 表示路段 $u$ 的时间窗口的长度。时空状态矩阵的元素表示路段在给定时间间隔的交通速度。每个时空状态矩阵代表一个数据样本，按照时间顺序堆叠每个时间间隔的时空状态矩阵，则可得到路段 $u$ 的 3 维的时空张量 $\boldsymbol{X}_{m,j}^u$，然后按照设定的训练天数和测试天数，可将时空张量划分为历史时空张量、训练时空张量、测试时空张量。历史时空张量用于构造实例来选择候选邻居，训练时空张量用于校准参数，测试时空张量用于评估模型的精度。

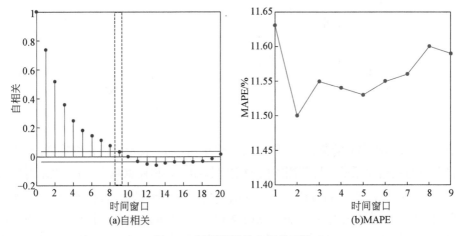

(a)自相关　　　　　　(b)MAPE

图 5-6　预测路段的自相关函数

## 5.4.2　自适应的时空权重

STKNN 模型自适应过程的关键在于如何合理定义相似度函数,即状态空间之间对应属性的距离。在现有研究中,通过在相似度函数中引入不同的权重,从而形成不同的距离度量方法,包括欧几里得距离、加权欧几里得距离等(Bustillos and Chiu,2011;Chang et al.,2012;Yu et al.,2016a)。时空权重的维度与时空状态矩阵相关。时空状态矩阵的自适应变化,导致时空权重矩阵的维度也随不同的路段发生变化。因此,在传统的加权距离函数基础上,可通过引入自适应的时空权重,优化权重距离函数,来度量时空状态矩阵的相似性。

自适应时空权重除了需要考虑时空状态矩阵中不同时间间隔和不同空间邻居的交通状况对预测路段的影响程度,同时还需要保证其权重矩阵自适应变化。因此,引入时空加权欧几里得距离函数,分别在时间和空间维度分配权重,以度量时空状态矩阵之间的相似性。在时间维度,利用时间间隔长度(如 5min 时间间隔)表征不同时间间隔的贡献;在空间维度,则利用空间相关性(如互相关)表征不同空间距离的影响。假设路段 $u$ 的时间权重矩阵和空间权重矩阵分别为 $W_s^u$ 和 $W_t^u$,其权重分配方式如式(5-17)和式(5-18)所示:

$$W_s^u = \begin{bmatrix} w_{s,1} & & & & \\ & w_{s,2} & & & \\ & & \ddots & & \\ & & & w_{s,i} & \\ & & & & \ddots \\ & & & & & w_{s,N_{u,s}} \end{bmatrix}, w_{s,i} = \frac{f_{u,i}}{\sum_{i=1}^{N_{u,s}} f_{u,i}} \qquad (5\text{-}17)$$

$$W_t^u = \begin{bmatrix} w_{t,1} & & & & \\ & w_{t,2} & & & \\ & & \ddots & & \\ & & & w_{t,i} & \\ & & & & \ddots & \\ & & & & & w_{t,N_{u,t}} \end{bmatrix}, w_{t,i} = \frac{i}{\sum_{i=1}^{N_{u,t}} i} \quad （5\text{-}18）$$

式中，$w_{s,i}$ 表示路段 $u$ 的第 $i$ 个空间邻居的权重值；$f_{u,i}$ 表示路段 $u$ 与其第 $i$ 个空间邻居之间的互相关系数，与预测路段的空间越相关，其权重越大；$w_{t,i}$ 表示时间权重，按照时间的线性分布赋值，与预测时间越近，分配的权重越大。假设路段 1 为预测路段，具有两个空间邻居（路段 2 和 3），时间窗口的大小为 4。路段 1 和路段 2 的互相关为 0.8，路段 1 和路段 3 的互相关为 0.2。因此，在空间维度，路段 2 对路段 1 的空间影响为 0.8/(0.8+0.2)=0.8，路段 3 对路段 1 的空间影响为 0.2/(0.8+0.2)=0.2。在时间维度，不同历史时间间隔对当前时间间隔交通状况的影响分别为：4/(1+2+3+4)=0.4,3/(1+2+3+4)=0.3,2/(1+2+3+4)=0.2,1/(1+2+3+4)=0.1。

通过在原始时空状态矩阵中引入时空权重，则当前时刻 $t_c$ 和某历史时刻 $t_q$ 的时空权重状态矩阵 $\Gamma_{u,t_c}$ 和 $\Gamma_{u,t_q}$ 分别表示为

$$\Gamma_{u,t_c} = W_s^u \times M_{u,t_c} \times W_t^u, t_c \in [1, T_C] \quad （5\text{-}19）$$

$$\Gamma_{u,t_q} = W_s^u \times M_{u,t_q} \times W_t^u, t_q \in [1, T_Q] \quad （5\text{-}20）$$

式中，$M_{u,t_c}$ 表示在测试时空张量中，路段 $u$ 在当前时间间隔 $t_c$ 的时空状态矩阵；$M_{u,t_q}$ 表示在历史时空张量中，路段 $u$ 在当前时间间隔 $t_q$ 的时空状态矩阵；$T_C$ 和 $T_Q$ 分别表示测试时空张量和历史时空张量中样本的数目。通过计算历史时空状态矩阵和当前时空状态矩阵之间的距离 $d_{u,t_q}$，以用于候选邻居的选取，其计算公式如下：

$$d_{u,t_q} = \sqrt{\text{trac}((\Gamma_{u,t_c} - \Gamma_{u,t_q}) \times (\Gamma_{u,t_c} - \Gamma_{u,t_q})')} \quad （5\text{-}21）$$

式中，trac 表示矩阵的迹。

### 5.4.3 自适应的时空参数

在 STKNN 模型的自适应过程中，时空参数包括 $K$ 值以及方法构造过程中引入的参数（如预测生成函数）。参数是否设置合理对于模型的预测精度具有很大影响。其中，$K$ 值主要用于确定候选邻居的个数，如果 $K$ 值设定过小，模型越复杂，容易产生过拟合；如果 $K$ 值设定过大，模型越简单，容易导致欠拟合。考虑到 $K$ 值的选择很大程度上受问题的有限样本性质的影响，因此其值的分配通常采用交叉验证的方式，选取使得模型误差最小的 $K$ 值（Xia et al.，2016）。

现有方法通常假定 $K$ 值是全局固定的，即 $K$ 值一旦确定，则在整个时间和空间范围内共享。不同于现有的方法，在 Adaptive-STKNN 中，$K$ 值的选取考虑到交通状况动态变化特点，因此不再设定一个全局固定的 $K$ 值，而是针对不同的路段，选择最优的 $K$ 值，即 $K_u$。

### 5.4.4　预测函数

在得到当前时空状态矩阵与所有历史时空状态矩阵的距离，并确定 $K$ 值之后，通过对距离排序，可选出 $K$ 个距离最小的历史时空状态矩阵，以此当作候选的邻居。整合 $K$ 个邻居中目标路段下一时刻的值，即可得到当前时刻的预测值。从 Adaptive-STKNN 过程预测值的生成方法可以看出，其关键在于如何构造合适的整合方式。传统的方法通常采用直接平均法来产生预测值，很明显，由于 $K$ 个候选邻居与预测路段之间具有不同的距离，即对预测值具有不同的影响，因此利用权重平均的方式可得到更精确的结果。现有研究包括一系列权重分配的方法，如反向距离权重（Smith et al.，2002）、基于排序的权重（Habtemichael and Cetin，2016）、基于高斯函数分配权重（Cai et al.，2016）等。由于时空状态空间、时空权重、时空参数均随不同的路段自适应变化，为了适应这种变化，预测生成函数也应该是自适应变化的。因此，本章对以上提到的 4 种传统权重分配方式进行了改造，使其适应交通状况自适应变化的特点。在此基础上，通过对它们的预测性能进行对比，选择具有最高预测精度的函数作为候选邻居权重的分配策略，预测目标路段 $u$ 在 $t_c+1$ 的预测值 $\hat{x}_{u,t_c+1}$ 形式定义如下：

$$\hat{x}_{u,t_c+1} = \frac{\sum_{n_k=1}^{K_u} x_{u,t_q+1}^{n_k} \times \omega_{u,n_k}}{\sum_{n_k=1}^{K_u} \omega_{u,n_k}} \tag{5-22}$$

式中，$K_u$ 表示路段 $u$ 的候选邻居个数；$x_{u,t_q+1}^{n_k}$ 表示路段 $u$ 的第 $n_k$ 个候选邻居的下一时刻的交通状况；$\omega_{u,n_k}$ 表示路段 $u$ 的第 $n_k$ 个候选邻居的权重，定义如下：

$$\omega_{u,n_k} = \begin{cases} \dfrac{1}{K_u}, & \text{恒等权重} \\[2mm] \dfrac{1}{d_{u,t_q}}, & \text{反向距离权重} \\[2mm] (K_u - r_q + 1)^2, & \text{基于排序的权重} \\[2mm] \dfrac{1}{4\pi a_u^2}\exp\left(-\dfrac{|d_{u,t_q}|^2}{4a_u^2}\right), & \text{高斯权重} \end{cases} \tag{5-23}$$

式（5-23）分别对应恒等权重、反向距离权重、基于排序的权重、高斯权重。其中，$r_q$ 表示第 $q$ 个候选邻居的次序，$a_u$ 为高斯权重参数，其值和之前讨论的时空参数 $K_u$ 类似，随不同的路段自适应变化。

# 5.5 实验设计与模型验证

为了评估本章提出的 D-STKNN 模型的性能，利用不同的数据集对模型进行了较为全面的验证，包括北京的浮动车速度数据和加州交通局测量系统（Caltrans Performance Measurement System，PeMS）在加利福尼亚州高速公路收集的交通速度数据。本章通过预测下一时间间隔的交通速度来对模型进行验证。首先，利用 AP 和 WKM 算法获取道路网络交通模式以及每种模式的时间分区结果，同时验证了路段的空间邻居、时间窗口、时空权重的动态和异质属性；其次，从不同的尺度比较了多种短时交通预测模型的精度；最后，通过在不同的数据子集上评估了 D-STKNN 模型的计算效率，以验证模型的可扩展性。

## 5.5.1 实验设计

### 1. 实验数据

PeMS 数据集和浮动车数据集被广泛应用于交通领域的研究中（Duan et al.，2014；Huang et al.，2014；Ma et al.，2017；Yu et al.，2017b）。PeMS 通过 15000 多个线圈检测器按 30s 的采样频率连续不断地收集路段的交通状况，包括交通流量、通行速度等。PeMS 获取的交通状况数据可通过互联网开放获取。原始的 30s 采样频率的数据由于各种原因存在偏差，因此 PeMS 进一步将收集的数据整合成 5min 的时间间隔，即每个检测器每天保存 288 个数据点（Fouladgar et al.，2017）。本章从 PeMS 下载了 US 101 高速公路连续 59 个位置共计 60 天的交通速度数据，时间为 2016 年 8 月 15 日至 10 月 14 日（表 5-1）。每个检测器代表一个位置，其位置分布如图 5-7 所示。另一个是从交通信息运营商处获取的浮动车轨迹数据，该数据由 50000 多辆装有 GNSS 的出租车行驶轨迹产生，数据采集频率为 5min，时间周期为 2012 年 3 月 1 日至 4 月 30 日（表 5-1）。利用地图匹配技术（Liu et al.，2017a），将轨迹投影到道路网络，然后对道路网络进行划分，形成 8312 个路段，最后采用求平均值的方式获得每个路段的平均通行速度。在本研究中，选取了包含 30 个路段的代表性区域用于实验，其位置分布如图 5-8 所示。由于同一路段的正向和方向交通状况存在明显差异，因此，在本章中相同道路上的相反方向被视为不同的路段。在两个数据集中，分别选取 23 天构造历史数据库、10 天构造训练数据库校准参数，剩下 27 天的数据被用于构建测试数据库评估模型的精度。

表 5-1　实验数据集

| 数据集 | PeMS | 北京 |
|---|---|---|
| 时间范围 | 2016 年 8 月 15 日至 10 月 14 日 | 2012 年 3 月 1 日至 4 月 30 日 |
| 时间间隔/min | 5 | 5 |
| 路段数目 | 59 | 30 |

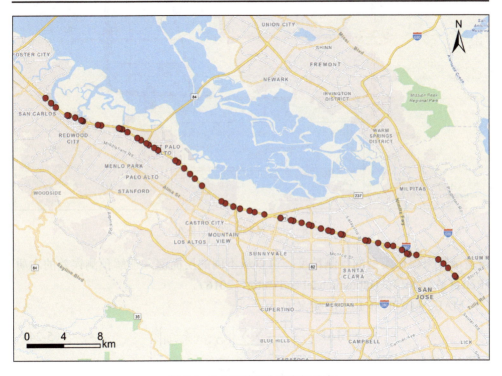

图 5-7　PeMS 数据集的空间分布

## 2. 评估准则

选择 3 个评估标准来验证 D-STKNN 模型的预测精度，即平均绝对误差（MAE），平均绝对百分比误差（MAPE）和均方根误差（RMSE）。这些指标从不同角度反映了预测误差的本质特征（Vlahogianni，2015）。例如，MAPE 可以反映模型的相对误差；MAE 可以体现总体误差的大小，但是当数据集中存在大量的异常值时，容易产生偏差的评估结果，并且忽略了正负误差的影响；RMSE 用于度量预测值的平均平方偏差，但同样对预测的异常值很敏感。因此，同时采用 3 种

图 5-8　北京数据集的空间分布

误差函数来评估模型的预测精度，可以从不同的层面深入理解预测误差的本质（Ren et al.，2014；Habtemichael and Cetin，2016）。

MAE、MAPE 和 RMSE 定义如下：

$$\text{MAE} = \frac{1}{N \times T_C} \sum_{u=1}^{N} \sum_{t_c=1}^{T_C} \left| x_{u,t_c+1} - \hat{x}_{u,t_c+1} \right| \tag{5-24}$$

$$\text{MAPE} = \frac{1}{N \times T_C} \sum_{u=1}^{N} \sum_{t_c=1}^{T_C} \frac{\left| x_{u,t_c+1} - \hat{x}_{u,t_c+1} \right|}{x_{u,t_c+1}} \tag{5-25}$$

$$\text{RMSE} = \sqrt{\frac{1}{N \times T_C} \sum_{u=1}^{N} \sum_{t_c=1}^{T_C} \left( x_{u,t_c+1} - \hat{x}_{u,t_c+1} \right)^2} \tag{5-26}$$

3. 变量估计

确定最优的距离函数。距离函数用于度量时空状态矩阵之间的相似性，从而获得和目标路段相似的历史时空矩阵。图 5-9 展示了使用不同权重构造的距离函数的性能差异。传统方法直接计算两个时空状态矩阵之间的欧氏距离，将时空状态矩阵中的每个元素同等对待。由于难以描述历史时空交通状况对将来交通状况的影响，因此该方法表现不佳。高斯函数构造的距离函数分别在时间和空间维度上分配权重，使得预测模型的性能得到提高。然而，该方法需要在建模过程中引入时间权重参数和空间权重参数，这增加了参数校准的难度。采用类似的策略，在时间维度采用线性时间分布权重，在空间维度计算周围路段与目标路段之间的空间相关性来分配权重，这种自适应的时空权重分配方法不需要任何附加参数。如图 5-9 所示，与其他两种权重分配方法相比，本章提出的时空权重分配方法具有最低的 MAPE、RMSE 和 MAE。

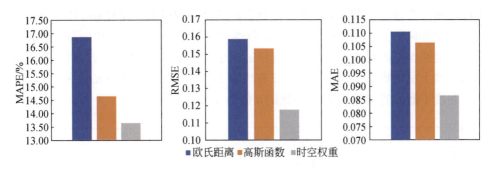

图 5-9　不同距离函数的性能对比

确定最优的预测函数。基于前面部分的讨论，使用 4 种权重分配方法来整合候选邻居以获得最终的预测值，包括恒等权重、反向距离权重、基于秩的权重和高斯权重。采用交叉验证的方法，固定模型的其他参数，计算不同权重分布方法对 D-STKNN 模型预测精度的影响。如图 5-10 所示，高斯权重法的 MAPE、RMSE 和 MAE 低于其他 3 种权重分配方法。因此，在 D-STKNN 模型中，使用高斯函数作为候选邻居的权重分配方法。

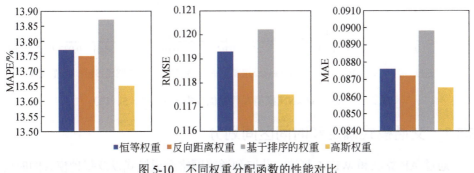

图 5-10　不同权重分配函数的性能对比

超参数调优。D-STKNN 模型的超参数包括候选邻居个数 $K_u$ 和高斯权重参数 $a_u$。需要注意的是，由于使用平均轮廓系数自动确定聚类的数据，因此 WKM 算法不需要额外的超参数。在建模过程中，需要对模型的超参数进行校准，以确定最优的模型结构。在实验过程中设定 $K_u$ 取值范围为 $[1,40]$，$a_u$ 的取值范围为 $[0.001,0.040]$。由于时间非平稳性和空间异质性的存在，不同交通模式的不同时间区间不同路段具有不同的时空参数，因此需要对每种交通模式的每个时间区间的不同路段进行参数校准。为了便于展示超参数的校准过程，随机选取模式 3 中时间区间 2 中的路段 1、路段 5、路段 13，采用交叉验证的方式，来获取最优的 $K$ 和 $a$。首先，固定 $a$ 值来校准 $K$ 值。然后基于最优的 $K$ 值来确定 $a$ 值。从图 5-11 可以看到，合理的 $K$ 值和 $a$ 值对预测模型的精度影响很大。$K$ 值和 $a$ 值的选取对 3 个路段影响表现出一致的变化趋势。以路段 1 为例，$K$ 值和 $a$ 值取最小值时，预测模型的误差达到最大；随着 $K$ 值和 $a$ 值的不断增大，预测误差开始逐渐变小，并最终趋于稳定状态。因此，可以在曲线趋于平稳时选取最优的 $K$ 值和 $a$ 值。例如，路段 1 最优的 $K$ 值为 22，最优的 $a$ 值为 0.029。

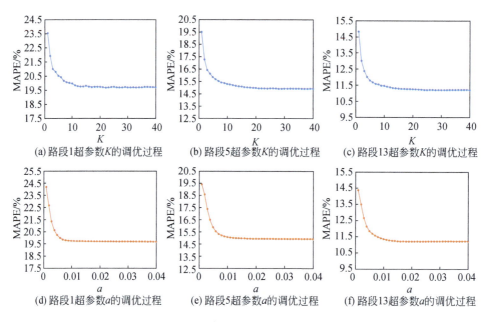

图 5-11　动态 STKNN 模型参数调优过程（路段 1、5、13）

## 5.5.2　交通模式确定和时间区间划分

通过 AP 算法和 WKM 算法，获取到道路网络交通模式以及每种模式的时间分区结果，如图 5-12 所示。可以看到，道路网络存在 5 种交通模式，不同交通模式之间存在显著的差异性，如模式 1 和模式 2。在图 5-12 中，蓝色加粗的曲线代表聚类中心线，即 AP 算法中的聚类中心。可以看到，每个聚类中心可以准确描述每种交通模式的变化趋势，从而证明了聚类算法的准确性，即满足类间相异性很大、类内相似性很大的特征。在同一聚类中，路段具有相似交通模式，路段的交通状况通常具有很强的空间相关性，因此会对预测结果产生很大的影响。而不同聚类中的路段的相关性较弱，因此在建模过程中可以忽略。基于此，有必要针对不同的交通模式构建预测模型，即只需要选取同一聚类的路段构造预测模型的输入。在自动识别交通模式后，利用 WKM 算法自动划分每种交通模式的时间区间，从更细粒度的视角去分析每个时间区间交通状况的变化差异。在图 5-12 中，红色的点线代表时间区间的分界线。可以看到，每种交通模式中，均表现出独特的非线性和非平稳性的变化特征，导致不同的交通模式具有不同的时间区间划分策略。

表 5-2 展示了每种交通模式的时间区间划分结果以及包含的路段。可以看到，所选取的 30 个代表路段不均等地分布在不同的交通模式中，且不同的交通模式被划分为不同的时间区间。例如，模式 1 划分为 3 个时间区间，模式 2 划分为 6 个时间区间，模式 3 划分为 2 个时间区间。较之现有方法采用人为划分时间区间或针对整个时间区间建模的方式，这种自适应的时间区间划分方式更便于抓取细粒度的时间非平稳性变化特征。从表 5-2 和图 5-12 可以看到，每个时间区间的划分均是连续的，这符合时间序列数据的基本特性。考虑到交通状况的时间依赖性，连续的时间区间便于构建预测模型的输入。

表 5-2 北京数据集交通模式和时间区间的划分结果

| 交通模式 | 路段编号 | 时间区间 |
|---|---|---|
| 模式 1 | 6；7；8；9；10；12；24；28 | [1, 57] [58, 112] [113, 288] |
| 模式 2 | 11；25；27；29；30 | [1, 26] [27, 70] [71, 116] [117, 197] [198, 222] [223, 288] |
| 模式 3 | 1；5；13；14；16；21；22 | [1, 62] [63, 288] |
| 模式 4 | 2；17；18 | [1, 112] [113, 288] |
| 模式 5 | 3；4；15；19；20；23；26 | [1, 134] [135, 288] |

注：时间区间的间隔为 5min，本书同。

在针对每种交通模式划分时间区间后，WKM 可以自动识别出平稳变化和非平稳变化的时间区间，如图 5-12 的模式 1 中时间区间 1、时间区间 2 和时间区间 3。另外，在相同交通模式下，不同时间区间之间的路段交通状况存在显著的差异性，如模式 1 中时间区间 1 和时间区间 2，而在相同的时间区间，交通状况趋向于平稳变化（除模式 1 中时间区间 2 和模式 2 中时间区间 5，将在后续进一步讨论），因此在建模过程中，只需要选取同一时间区间的交通状况构建模型的输入，从而进一步证明针对不同时间区间建模的合理性。此外，应该注意的是，虽然从路段的空间分布可以看出路段在空间上彼此相关，但是不同的路段具有不同的物理属性，如道路类型、道路长度、信号灯的数量以及道路方向，因此它们的交通模式是不同的。

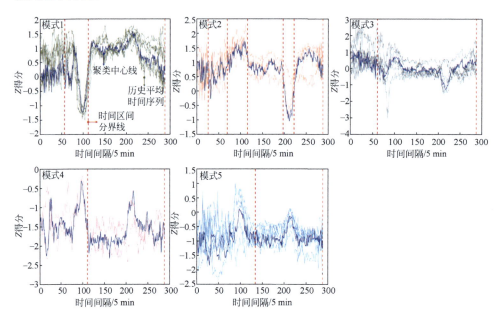

图 5-12　交通模式确定和时间区间划分（北京数据集）

PeMS 数据集表现出和北京道路网络不同的交通模式，这主要是源于城市道路和高速公路不一致的交通需求。然而，交通状况的动态性是一致的。如图 5-13 和表 5-3 所示，在 PeMS 数据集中存在 3 种交通模式，不同的交通模式被划分为不同的时间区间。

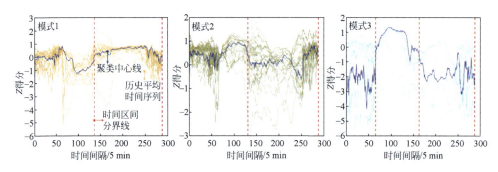

图 5-13　交通模式确定和时间区间划分（PeMS 数据集）

表 5-3　PeMS 数据集交通模式和时间区间的划分结果

| 交通模式 | 路段编号 | 时间区间 |
| --- | --- | --- |
| 模式 1 | 1；3；4；5；6；7；8；9；10；11；12；13；14；15；16；17；18；19；20；21；22；25；29；30 | ［1，136］［117，288］ |
| 模式 2 | 23；24；26；27；28；31；32；33；34；35；36；38；39；40；41；42；43；44；45；46；47；49；50；51；52；53；54；55 | ［1，131］［132，288］ |
| 模式 3 | 2；37；48；56；57；58；59 | ［1，66］［67，163］［164，288］ |

## 5.5.3　动态性和异质性检验

### 1. 动态和异质的空间邻居

通过互相关函数，可以获取到不同交通模式的不同时间区间中不同路段的空间邻居大小。为了便于结果的展示，随机选取了每种模式中的一个路段，用于测试空间邻居的动态和异质属性，如模式 1 中的路段 8、模式 2 中的路段 27。从表 5-4 可以看到，一方面，在不同交通模式下，不同路段的空间邻居不尽相同，如路段 14 在模式 3 的空间邻居个数分别为 2 和 4，而路段 18 在模式 4 的空间邻居个数分别为 2 和 1，体现出明显的空间异质性。另一方面，同一路段在不同时间区间空间邻居不尽相同，如路段 8，在 3 个时间区间的空间邻居个数分别为 6、5 和 7，即交通状况是随时间区间动态变化的。这一现象是符合实际的，如在道路网络上，在时间区间 1 处于拥堵状态的路段，在时间区间 2 可能变成通畅状态，因此，在不同的时间区间，一个路段对其他路段的影响范围是不同的。针对某个路段，

表 5-4　不同交通模式下不同路段的动态和异质的空间邻居

| 模式 | 路段 | 时间区间 | | | | | |
| --- | --- | --- | --- | --- | --- | --- | --- |
| | | 1 | 2 | 3 | 4 | 5 | 6 |
| 模式 1 | 路段 8 | 6 | 5 | 7 | — | — | — |
| 模式 2 | 路段 27 | 3 | 4 | 3 | 3 | 3 | 3 |
| 模式 3 | 路段 14 | 2 | 4 | — | — | — | — |
| 模式 4 | 路段 18 | 2 | 1 | — | — | — | — |
| 模式 5 | 路段 15 | 2 | 4 | — | — | — | — |

传统时空建模方法在整个时间范围选取固定的空间邻居，无法反映交通状况以及路段空间相关性的时间可变属性。鉴于此，针对不同交通模式下不同时间区间的不同路段分别建模，可以从更细粒度的视角审视空间异质性和时间非平稳性的时空演化。

### 2. 动态和异质的时间窗口

类似于空间邻居的分析，时间窗口同样具有动态和异质属性。通过自相关函数，本章确定了不同交通模式的不同时间区间中，不同路段的时间窗口大小，结果如表 5-5 所示。可以清晰地看到，在空间异质性方面，不同路段在不同区间的时间窗口大小是不一致的，如路段 14 在模式 3 的时间窗口大小分别为 1 和 3，而路段 18 在模式 4 的时间窗口分别为 2 和 2。在时间非平稳性方面，同一路段在不同时间区间的时间窗口大小不尽相同，如在模式 2 中，路段 27 在各个时间区间的时间窗口分别为 2、4、6、4、6、5，即随时间可变。因此，在构建时空预测模型时，采用全局的时间窗口大小，忽略不同路段在不同时间区间时间窗口的动态和异质的变化是不合理的。

**表 5-5　不同交通模式下不同路段的动态和异质时间窗口**

| 模式 | 路段 | 时间区间 | | | | | |
| --- | --- | --- | --- | --- | --- | --- | --- |
| | | 1 | 2 | 3 | 4 | 5 | 6 |
| 模式 1 | 路段 8 | 3 | 1 | 1 | —— | —— | —— |
| 模式 2 | 路段 27 | 2 | 4 | 6 | 4 | 6 | 5 |
| 模式 3 | 路段 14 | 1 | 3 | —— | —— | —— | —— |
| 模式 4 | 路段 18 | 2 | 2 | —— | —— | —— | —— |
| 模式 5 | 路段 15 | 7 | 10 | —— | —— | —— | —— |

### 3. 动态和异质的时空参数

通过超参数校准，得到了所有路段的时空参数，结果如图 5-14 和图 5-15 所示。可以看到，无论是相同的交通模式还是不同的交通模式，不同路段在不同的时间区间，其时空参数均不尽相同，体现出异质性的特点。以候选邻居个数 $K$ 值为例，在同一模式下，模式 1 中路段 6 在 3 个时间区间的候选邻居个数分别为 29、14、13，而路段 7 的候选邻居个数分别为 10、27、6。在不同的模式下，模式 3 中的路段 1 在两个时间区间的候选邻居个数分别为 35 和 22，而在模式 4 中路段 2 在两个时间区间的候选邻居个数分别为 20 和 27。在时间非平稳性方面，同一路段在不同的时间区间具有不同的时空参数。以高斯权重参数 $a$ 值为例，在模式 1，路段 6 在 3 个时间区间的 $a$ 值分别为 0.023、0.008、0.009，很明显随时间发生变化。由此证明，针对不同交通模式下不同时间区间的不同路段选取动态和异质的时空参数是合理的。

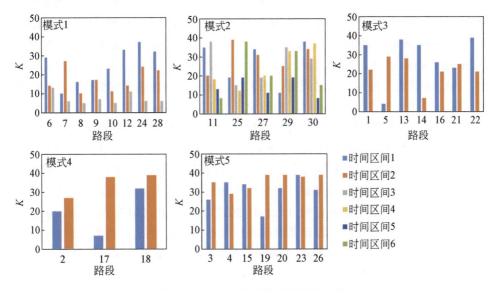

图 5-14　动态和异质的候选邻居个数

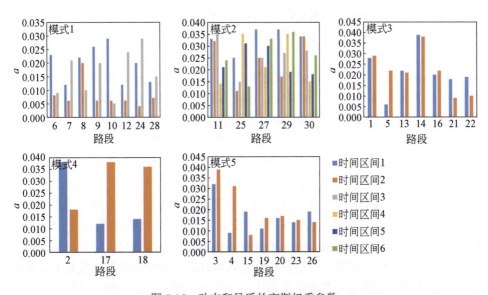

图 5-15　动态和异质的高斯权重参数

## 5.5.4 预测精度比较

### 1. 不同数据集上的性能比较

基于以上校准的参数，比较了现有的几种短时交通预测模型，包括历史平均（HA）模型、Elman 神经网络（Elman，1990；Dong et al.，2009）、传统的 KNN 模型（Smith et al.，2002；Zheng and Su，2014；Habtemichael and Cetin，2016；Talavera-Llames et al.，2018）、时空 KNN（STKNN）模型（Cai et al.，2016）。其中，HA 模型通过指定历史时间窗口的大小，采用窗口内的平均值作为下一时刻的预测值，通过参数校准，其时间窗口设定为 12。Elman 模型是一种反馈神经网络模型，通过在模型中引入延迟算子，使其具有适应时变特性的能力，被扩展应用于短时交通预测（Dang and Hao，2010）。在实验中，通过设置不同的隐藏层神经元的个数，最终确定隐藏层的个数为 36，同时设置时间延迟长度为 12，模型迭代次数为 1000 次。KNN 模型被广泛应用于短时交通预测，其预测性能主要受时间窗口大小以及邻居个数的影响（Li et al.，2012；Hou et al.，2013；Yu et al.，2016a）。在实验中，通过参数校准，设定其时间窗口大小为 10，邻居个数为 32。STKNN 模型的参数包括时间权重参数 $\alpha_1$、空间权重参数 $\alpha_2$、结果校准权重参数 $\alpha_3$ 和邻居个数 $K$，在对比实验中，设定 $\alpha_1 = 0.01$，$\alpha_2 = 1.01$，$\alpha_3 = 0.49$，$K = 40$（Cai et al.，2016）。此外，仅考虑空间异质性，针对整个时间范围构建空间自适应 STKNN 模型（Spatially Adaptive-STKNN 模型），最后同时考虑空间异质性和时间非平稳性构建 D-STKNN 模型，以分别验证空间异质性和时间非平稳性对模型预测精度的影响。

图 5-16 展示了不同模型的整体预测性能。从实验结果可以看到，HA、Elman、KNN 模型的预测精度要低于 STKNN、Spatially Adaptive-STKNN、D-STKNN 模型，其原因在于，前者在预测过程中，通常只考虑目标路段历史的时间序列数据，忽略交通网络重要的时空特征，导致预测精度产生很大的偏差，这表明在预测模型中引入时空信息可以增强短时交通的预测能力。STKNN 模型引入时空状态矩阵，使得模型的预测性能得到提升。但是其忽略了道路网络空间异质性的特点，利用静态的时空 KNN 模型（包括全局固定的时空状态矩阵、全局固定的参数）无法刻画不同路段交通模式的差异性变化，因此其预测性能低于 Spatially Adaptive-STKNN 模型。Spatially Adaptive-STKNN 模型通过引入自适应的空间邻居、时间窗口、时空权重、时空参数，可以很好地适应交通流的变化特点，表明在进行短时交通预测时考虑道路交通的异质性是很重要的。然而，该模型忽略了时间非平稳性的存在。在建模过程中，针对整个时间范围建模，导致模型结构在

整个时间范围内仍是固定不变的。以空间邻居为例，Spatially Adaptive-STKNN 模型在时间上的稳态假设，使得某个确定路段在不同的时间区间具有固定的空间邻居。在现实中，路段之间的相关性是动态变化的，因此时间上的稳态假设明显是不合理的。D-STKNN 模型在保留空间自适应特性的基础上，引入 AP 聚类算法来自动识别道路网络存在的交通模式，利用 WKM 算法对每种交通模式自动划分时间区间，通过比较不同路段在不同交通模式的时间区间下交通状况的差异性，来刻画时间非平稳性特征。从实验结果可以看到，通过同步考虑空间异质性和时间非平稳性，D-STKNN 模型在预测性能上要优于 Spatially Adaptive-STKNN 模型。

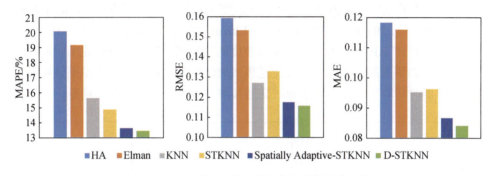

图 5-16　不同模型在北京数据集的整体精度比较

为了进一步验证 D-STKNN 模型的泛化能力，本章比较了不同模型在 PeMS 数据集上的精度，如图 5-17 所示。从整体视角来看，每个模型在 PeMS 数据集上的精度显著高于北京数据集，主要原因在于高速公路的交通模式比城市交通要简单，可通过观察图 5-12 和图 5-13 的交通模式变化曲线获得证据。从局部视角来看，D-STKNN 模型的 3 个评价指标均优于其他模型，表明在建模过程中同步考虑交通状况的动态和异质属性对于提高短时交通的预测精度是至关重要的。考虑到 D-STKNN 模型在不同的交通模式均表现出优越的性能，这在一定程度上验证了模

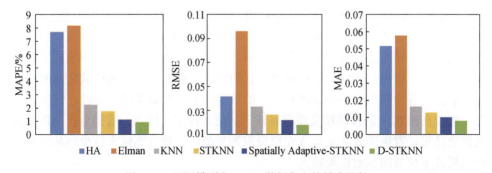

图 5-17　不同模型在 PeMS 数据集上的精度比较

型的泛化能力。

### 2. 不同模型基于 AP-WKM 算法的性能比较

考虑到 AP-WKM 算法在 D-STKNN 模型上的成功，因此将自动识别交通模式以及划分时间的建模策略应用在传统的 HA、Elman、KNN、STKNN 模型上，比较了各个模型基于 AP-WKM 算法的预测性能，实验结果如图 5-18 所示。注意，由于 Spatially Adaptive-STKNN 模型基于 AP-WKM 算法建模，即 D-STKNN 模型，因此只比较了前 4 种预测模型（下同）。通过图 5-16 和图 5-18 对比可以看到，基于 AP-WKM 算法的建模方法均能在一定程度上提高预测模型的精度，如 HA 模型的 MAPE 值从 20.08%降低到 18.48%，Elman 模型从 19.16%降低到 16.14%。其原因在于，通过 AP-WKM 算法能从细粒度的视角抓取道路网络存在的时间非平稳性现象，如不同的交通模式以及交通模式随时间的演化，这也从侧面证明考虑交通状况的时间非平稳特性对于短时交通预测模型精度的提升至关重要。

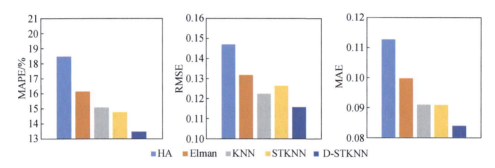

图 5-18   不同模型基于 AP-WKM 算法的精度比较

### 3. 不同交通模式下的性能比较

通过对所有路段在不同时间区间的整体预测性能求平均得到每种模式的预测性能，实验结果如图 5-19 所示。可以看到，传统方法的预测性能呈现不稳定分布，如在模式 1 和模式 3 中，STKNN 模型的预测精度甚至要略低于 KNN 模型，这是无法通过整体精度比较看到的现象。然而，本章所提出的方法在每种模式下均优于其他方法，这也是该模型整体精度占优的原因。通过不同交通模式之间的对比可以看到，各个模型在不同交通模式下的预测性能存在显著的差异性，特别地，各个模型在模式 4 的预测精度要明显低于其他几种交通模式。通过分析 AP 算法的聚类结果，发现模式 4 只有 3 个路段聚为一类，导致训练样本较少，从而使得在该模式下模型的预测误差较大。

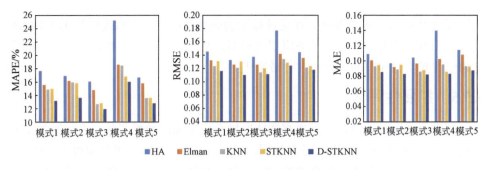

图 5-19　不同模型在不同交通模式下的精度比较

## 4. 不同时间区间下的性能比较

进一步地,比较不同交通模式下不同时间区间的预测性能,实验结果如图 5-20
所示。从整体上可以看到,对于任意交通模式下的每个时间区间,D-STKNN 模
型的预测性能均优于其他方法,如其在模式 1 中的时间区间 1、时间区间 2、时间
区间 3 表现出很好的鲁棒性,这也验证了为什么 D-STKNN 模型在每种模式下的
预测性能最优。通过相同模式下不同时间区间对比来看,预测模型的性能和交通
状况的波动幅度呈现正相关,如模式 1 中时间区间 2 的交通状况相比于其他两个
时间区间的变化要复杂得多,使得预测模型很难捕捉到相似的交通模式,因而在
该时间区间的预测性能要低于其他两个时间区间,类似的现象可以在模式 2 的时

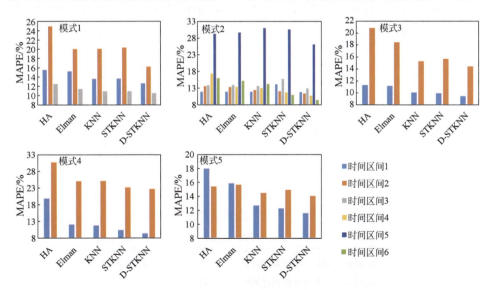

图 5-20　不同模型在不同交通模式下不同时间区间的精度比较

间区间 5 中找到。可以发现，在这种极端的交通状况下，本章提出的 D-STKNN 模型在预测精度上依然要比其他模型高得多，从而进一步证明在建模过程中同步考虑空间异质性和时间非平稳性会带来优势。

### 5.5.5 扩展性评估

利用 AP-WKM 算法，历史交通状况被分成不同的数据子集。在相同的交通模式中，不同时间区间的路段数量相同，可以比较不同时间覆盖范围内 D-STKNN 模型的计算效率。在不同的交通模式中，每个交通模式包含不同数量的路段，可以比较不同空间覆盖下的 D-STKNN 模型的计算效率。因此，在实验中，北京测试数据集被用于从时间和空间覆盖范围来评估 D-STKNN 模型的计算效率，如图 5-21 所示。从时间覆盖范围的角度来看，时间区间越长，D-STKNN 模型的计算时间越长，其主要原因是时间区间的大小决定了训练和测试样本的数量。从空间覆盖范围的角度来看，不同交通模式中包含的路段数量不是影响 D-STKNN 模型计算时间的关键因素。例如，模式 2 包含 5 个路段，模式 4 包含 3 个路段，而模式 2 的计算时间低于模式 4。这种现象主要是由于模式 2 和模式 4 具有不同的时间区间划分策略，这影响了时空状态矩阵的大小，因而进一步影响 D-STKNN 模型的计算时间。这也证明了合理识别交通状况的动态特性可以提高 D-STKNN 模型的计算效率。此外，通过将 D-STKNN 模型不同时间区间的计算时间相加，可得到不同交通模式总的计算时间，这导致每个交通模式的总计算时间过长。然而，D-STKNN

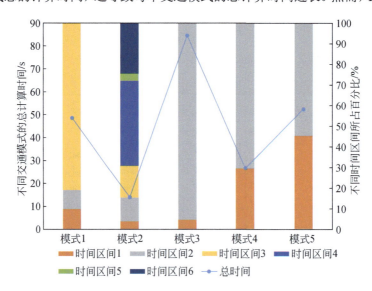

图 5-21　D-STKNN 模型的可扩展性评估

模型是针对不同交通模式的不同时间区间单独构建的，因此可以利用多线程或并行计算的方式来提高 D-STKNN 模型的计算效率。

## 5.6　讨　　论

本章实验结果证实，同步考虑空间异质性和时间非平稳性可以提高短时交通预测模型的精度。在 Zhang 等（2012）的工作中，针对每个路段每天的每个时刻的路段进行聚类，即每天每个时刻均有一个聚类结果，通过聚类合并算法，将路段划分到时间可变的聚类中，最后基于聚类结果构建神经网络模型，实现短时交通预测并取得了不错的结果。这一建模流程和本章的方法是类似的，并且出发点都是考虑交通表现出动态的时空依赖性。但本质的差别在于，本章考虑到道路网络存在相似交通模式的路段，并且在一段时间内具有平稳性变化的特点，这在本章的聚类结果中得到证实，因此针对每个时间区间建模，即将针对时间点的建模扩展到时间区间，极大地简化了模型的结构。通过比较不同时间区间交通状况的变化差异，依然保留了模型动态的特性。然而，这种简化使得在聚类过程中，需要利用历史交通状况的平均值来表征交通状况特征向量，这种做法会对数据进行平滑，从而掩盖交通模式变化的部分细节。另外，受到聚类方法本身的限制，不太相似的交通模式聚类到一起，从而影响模型的整体预测性能。但是，在利用 AP 聚类算法自动识别道路网络存在的交通模式后，将具有相似交通模式的路段聚类到一起，然后在建模过程中，利用这些相似路段的所有历史数据来建模，可以从一定程度上弥补这一缺陷。这一策略有利于简化模型的输入，如在空间邻居选取时，只需要从相似路段中进行选取。从实验结果可以看到，相比于现有的方法，预测精度依然有提升。考虑到本研究采用三维张量来表示历史交通状况数据，因此进一步的工作可以采用张量分解的方法，不对数据作平滑，利用所有的历史数据进行模型的训练，自动分解道路网络存在的交通模式，在此基础上，利用 WKM 算法自动划分时间区间，针对每个时间区间的每个路段分别建模，以刻画道路网络的空间异质性。

本章提出的 AP-WKM 算法，为时空数据建模提供了一种考虑时间非平稳性的策略。针对其他类型的时空数据，如水质动态、人群流动，同样可以利用 AP-WKM 算法来识别数据中存在的时空模式以及时空模式随时间的演化。以人群流动数据为例，可以利用 AP-WKM 算法来挖掘每个区域人群流动的变化模式，以及每个区域不同时间区间变化的差异性，然后在此基础上针对每个区域利用传统的机器学习方法来构建顾及时间非平稳性的人群流动预测模型。从这个角度来看，STKNN 模型则成为整个模型的可选项，在 AP-WKM 算法的基础上，可以采用现有的 ARIMA 模型、支持向量回归（SVR）模型（Wu et al.，2004；Su et al.，

2007)、连续条件随机场（CCRF）模型（Djuric et al.，2011；Ristovski et al.，2013）来构建时空预测模型。通过尝试不同的传统模型来检验 AP-WKM 算法也是需要进一步开展的工作。

在实验结果中，只选取 30 个代表性的路段进行实验验证，导致在聚类时，部分类别相似的路段太少，从而影响到预测模型的整体精度。因此，利用更多的路段，使得每个聚类中有足够的路段用于建模，在理论上可以进一步提高预测模型的精度。另外，本章的模型在复杂交通状况下的预测性能依然优于其他模型，但考虑到本章只选取了工作日的交通状况数据，因此需要进一步考虑周末、节假日、重大事件下 D-STKNN 模型的鲁棒性。

# 5.7  本 章 小 结

本章同步考虑了空间异质性和时间非平稳性，实现了基于 D-STKNN 模型的短时交通预测。通过 AP 聚类算法来自动识别道路网络存在的交通模式，使得相同聚类的路段具有强空间相关性，从而简化了预测模型的输入。利用 WKM 算法为每种交通模式划分时间区间，通过比较不同路段在不同交通模式的时间区间下交通状况的差异性，来刻画时间非平稳性特征，从而解决现有方法采用人为划分时间区间或者针对整个时间范围建模方式存在的问题。在此基础上，为每个路段构建自适应 STKNN 过程，来适应不同路段交通模式的变化，包括自适应的空间邻居、时间窗口、时空权重、时空参数。通过互相关和自相关函数，实现了空间邻居和时间窗口的自动选取，从而解决了现有 KNN 模型维度灾难的问题。在此基础上，将时空权重整合到距离函数中，实现了候选邻居的高效选取。同时，引入自适应的时空参数，包括自适应的候选邻居个数和自适应的权重分配参数，进一步提高模型的预测性能。

利用北京道路网络真实的浮动车速度数据和 PeMS 在加利福尼亚州高速公路收集的交通流数据，分析了不同模式以及不同时间区间交通状况的变化，同时对道路网络存在的动态和异质属性进行了验证。从细粒度的视角，比较了传统短时交通预测方法和 D-STKNN 模型在整体、不同交通模式、不同时间区间下的预测性能，实验表明，本章的方法在不同尺度上均优于其他模型，证明了在短时交通预测建模中同步考虑空间异质性和时间非平稳性的重要性。后续研究工作中将采用张量分解的方法来识别道路网络的交通模式，在此基础上验证其他模型在本章提出的时空数据建模策略上的预测性能。此外，将采用更多的路段、更长的预测周期、更复杂的交通状况对本章提出的模型作进一步的验证。

# 第6章 基于多任务多视图的时空预测模型

## 6.1 引　言

时空数据具有时空自相关和时空异质性的本质特征，现有的时空预测模型在表征时空依赖性以及时空异质性方面取得了一定的成功。例如，引入时空邻近状态矩阵来表征时空相关性、对时间区间进行精细剖分以刻画时间非平稳性、采用局部的模型结构来刻画空间异质性。然而，时空数据通常具有周期性和趋势性的变化特点，因此仅用时空邻近矩阵难以全面反映时空交互过程。更重要的是，局部建模的方式引发了多个挑战。针对单个地理单元建模的方式，将每个地理单元当作单独的预测任务，忽略了预测任务之间全局时空相关性。多个子模型的存在，使得构建的预测模型丧失了全局预测能力。此外，现有的时空预测模型采用格网搜索的方法来确定模型的超参数，无法实现参数的自动优化。鉴于以上背景，本章提出了一个基于粒子群优化的多任务多视图特征学习模型（stRegMTMV）来同步解决这些问题。

## 6.2 模 型 框 架

本章构造了一个时空多任务多视图的特征学习模型用于短时交通预测，其架构如图 6-1 所示。按照 3 层结构的层次递进组织方式，第 1 层为时空数据模型，该数据模型考虑交通数据的时空依赖性和时空异质性，分别利用时空邻近张量、时空周期张量、时空趋势张量来表征每个路段所有历史时刻的交通状况，从而构建 3 个视图来全面刻画道路网路的交通状况。第 2 层为多核学习模型，在第 1 层的基础上，利用一组核函数（Adaptive-STKNN）分别得到时空邻近视图、时空周期视图、时空趋势视图的预测结果，进一步将每个视图的预测结果当作高层的语义特征。第 3 层为多任务多视图特征学习模型，将每个路段的预测当作一个任务，利用第 2 层获取的特征构建多任务多视图的输入特征矩阵，通过约束学习任务保持任务之间的相关性和视图之间的一致性，使得预测模型可以抓取道路网络的全局时空相关性以及增强其预测能力。同时，限制所有路段选择一组共享的特征来实现所有对所有路段交通状况的同步预测。最后，考虑到时空多任务多视图学习模型中包含多个超参数，于是进一步引入粒子群算法来优化参数的求解过程。

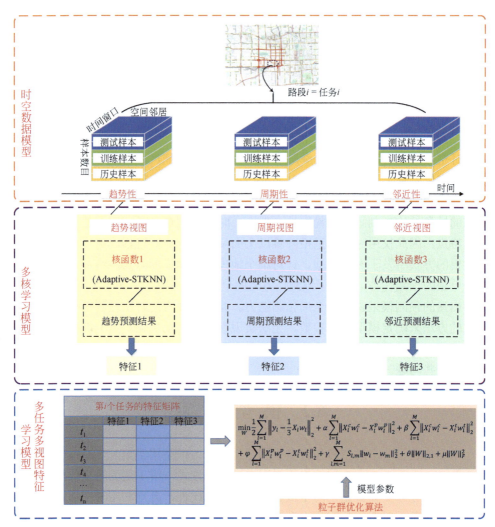

图 6-1　stRegMTMV 模型的整体架构

# 6.3　构造时空立方体

在道路网络中，路段的交通状况具有时空约束性。在空间维度，路段的交通状态通常受其周围路段的影响。例如，某个路段的拥堵，经过一段时间会传播到周围路段，从而导致区域的拥堵（Ma et al.，2015）。并且这种影响具有空间异质性，即不同的路段其受影响的周围路段数目是不一致的（Gao et al.，2016；Liu et al., 2017b)。在时间维度，由于交通模式的存在，路段的交通状态通常和历史时刻的交通状态存在关联，具有时间的邻近性、周期性、趋势性。因此，在 stRegMTMV 模型中，本章将历史交通状况时间序列进行重组，通过时间和空间维度信息的融合，形成时空邻近矩阵、时空周期矩阵、时空趋势矩阵来表征任意路段任意时刻的交通状况，然后将所有历史时刻对应的时空状态矩阵进行堆叠，形成 3 个时空张量，从而实现对路段时空依赖关系的刻画。

以时空邻近张量的构造为例，假设交通状况的时间序列为 $\{v_{l,t}, t_0 \leq t \leq t_c, 1 \leq j \leq M\}$，其中 $t_0$ 和 $t_c$ 表示开始和当前时间间隔，$M$ 为路段数目，$v_{l,t}$ 表示在 $t$ 时间间隔路段 $l$ 的交通状况。对每个路段 $l$，在 $t$ 时间间隔的时空邻近状态矩阵可表示为 $\mathrm{MC}_{l,t}(\mathrm{lc,ln})$，时空邻近状态矩阵中的元素代表周围相关路段历史邻近时刻的交通状况，即利用时间维度和空间维度信息来表征交通状况，其形式化定义为

$$\mathrm{MC}_{l,t}(\mathrm{lc,ln}) = \{v_{u,k}, t - \mathrm{lc} + 1 \leq k < t, u \in \mathcal{R}_l\} \tag{6-1}$$

式中，lc 表示时间邻近间隔数，即取 $t$ 时间间隔 lc 个邻近时间间隔的交通状况，取值范围为 $[t - \mathrm{lc} + 1, t)$；$u$ 表示路段 $l$ 的空间邻居；$\mathcal{R}_l$ 表示路段 $l$ 的空间邻居的集合，每个路段具有不同的空间邻居集合；ln 表示空间邻居的数目，$\mathrm{ln} = \mathrm{card}(\mathcal{R}_l)$。

采用类似的方式，时空周期矩阵 $\mathrm{MP}_{l,t}(\mathrm{lp,ln})$ 和时空趋势矩阵 $\mathrm{MQ}_{l,t}(\mathrm{lq,ln})$ 的形式化定义分别为

$$\mathrm{MP}_{l,t}(\mathrm{lp,ln}) = \{v_{u,k}, k \in \mathrm{TP}, u \in \mathcal{R}_l\} \tag{6-2}$$

$$\mathrm{MQ}_{l,t}(\mathrm{lq,ln}) = \{v_{u,k}, k \in \mathrm{TQ}, u \in \mathcal{R}_l\} \tag{6-3}$$

式中，lp 为时间周期间隔数；TP 为时间周期的取值集合，lp=card(TP)；lq 为时间趋势间隔数；TQ 为时间趋势的取值集合，lq=card(TQ)。

$$\mathrm{TP} = \{t - 1440 / t\_\mathrm{interval} \cdot p \cdot i, 1 \leq i \leq \mathrm{lp}\} \tag{6-4}$$

$$\mathrm{TQ} = \{t - 1440 / t\_\mathrm{interval} \cdot q \cdot i, 1 \leq i \leq \mathrm{lq}\} \tag{6-5}$$

其中，$t\_\mathrm{interval}$ 为交通状况的采样时间间隔，如 5min，按分钟计算，则一天共 1440min；$p$ 为时间周期长度；$q$ 为时间趋势长度，如 $p=1$，则取 $t$ 时刻前一天对应时刻的交通状况；$q=7$，则取 $t$ 时刻前一周对应时刻的交通状况。

每个路段 $l$ 的空间邻居数目 ln 采用互相关函数自动获取，实现方法可参见 4.3 节。在确定时间维度和空间维度后，可得到所有路段历史时刻的时空状态矩阵。按时间顺序分别堆叠三个时空状态矩阵，即可构造路段 $l$ 的时空邻近张量 $\mathrm{XC}_l$、时空周期张量 $\mathrm{XP}_l$、时空趋势张量 $\mathrm{XQ}_l$，其形式化定义为

$$\mathrm{XC}_l = \{\mathrm{MC}_{l,t}(\mathrm{lc,ln}), \mathrm{ml} + 1 \leq t \leq t_c\} \tag{6-6}$$

$$\mathrm{XP}_l = \{\mathrm{MP}_{l,t}(\mathrm{lp,ln}), \mathrm{ml} + 1 \leq t \leq t_c\} \tag{6-7}$$

$$\mathrm{XQ}_l = \{\mathrm{MQ}_{l,t}(\mathrm{lq,ln}), \mathrm{ml} + 1 \leq t \leq t_c\} \tag{6-8}$$

式中，$ml = 1440 / t\_interval \cdot q \cdot lq$，其目的是保证在 $t$ 时间间隔可以同时获取时间邻近矩阵、时间周期矩阵、时间趋势矩阵。

最后，分别对时空张量 $XC_l$、$XP_l$、$XQ_l$ 进行划分，包括历史时空张量，用于 Adaptive-STKNN 挖掘具有相似交通模式的模板库；训练时空张量，用于构造多视图学习的训练样本；测试时空张量，用于对模型的预测精度进行验证。假设交通状况时间序列的总天数为 $N$，历史天数为 $hd$，训练天数为 $td$，测试天数为 $sd$，则 $N =$ hd+td+sd$ + q \cdot lq$，历史样本数 $n_{hd} =$hd$\cdot 1440 / t\_interval$，$n_{td} =$td$\cdot 1440 / t\_interval$，$n_{sd} =$sd$\cdot 1440 / t\_interval$。以时间邻近张量的划分为例，历史邻近时空张量 $XC\_Ht_l$、训练邻近时空张量 $XC\_Tr_l$、测试邻近时空张量 $XC\_Ts_l$ 可形式化定义为

$$\begin{cases} XC_l = \left\{ XC\_Ht_l, XC\_Tr_l, XC\_Ts_l \right\} \\ XC\_Ht_l = \left\{ MC_{l,t}(lc,ln), ml+1 \leqslant t \leqslant n_{hd} + ml + 1 \right\} \\ XC\_Tr_l = \left\{ MC_{l,t}(lc,ln), n_{hd} + ml + 1 < t \leqslant n_{td} + n_{hd} + ml + 1 \right\} \\ XC\_Ts_l = \left\{ MC_{l,t}(lc,ln), n_{td} + n_{hd} + ml + 1 < t \leqslant t_c \right\} \end{cases} \tag{6-9}$$

采用同样的划分方式，可得到历史周期时空张量 $XP\_Ht_l$、训练周期时空张量 $XP\_Tr_l$、测试周期时空张量 $XP\_Ts_l$ 和历史趋势时空张量 $XQ\_Ht_l$、训练趋势时空张量 $XQ\_Tr_l$、测试趋势时空张量 $XQ\_Ts_l$。

# 6.4 多核学习方法

时空数据模型从 3 个视角同时刻画了路段在时间间隔 $t$ 的交通状况，分别对应时空邻近视图、周期视图和趋势视图，因此可以利用多核学习来挖掘道路网络上相似的交通模式，得到每个视图的预测结果。采用 Adaptive-STKNN 作为核函数分别对 3 个视图建模，分别得到邻近视图、周期视图和趋势视图的预测结果，如图 6-2 所示。将每个视图的预测结果进行高层的语义映射，作为时空多任务多视图学习模型的输入特征。

多核学习语义特征映射过程如算法 6-1 所示。首先，对训练时空张量中的每个时空状态矩阵，利用 Adaptive-STKNN 得到所有训练邻近时空矩阵 $MC_{l,t}(lc,ln)$、训练周期时空矩阵 $MP_{l,t}(lp,ln)$、训练趋势时空矩阵 $MQ_{l,t}(lq,ln)$ 的预测值（第 3~5 行）。其中，$\bar{v}_{l,t+1}^c$ 表示路段 $l$ 在 $t$ 时刻邻近视图的预测值，$\bar{v}_{l,t+1}^p$ 和 $\bar{v}_{l,t+1}^q$ 表示周期视图和趋势视图的预测值。然后，利用 3 个视图的预测值作为特征向量，真值作为标签值来构造训练样本（第 6 行）。最后将训练样本输入训练实例集合 $\mathcal{D}$（第 6 行）。

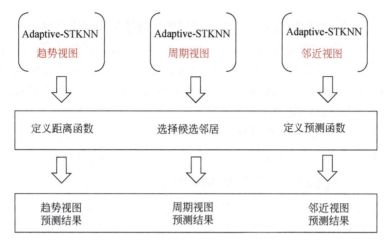

图 6-2　多核学习过程

**算法 6-1　语义特征映射过程**

输入：邻近时空张量 $\{XC\_Ht_l, XC\_Tr_l\}$，周期时空张量 $\{XP\_Ht_l, XP\_Tr_l\}$

　　　　趋势时空张量 $\{XQ\_Ht_l, XQ\_Tr_l\}$，时间邻近长度、周期长度、趋势长度 $lc$，$lp$，$lq$

　　　　候选邻居数目 $K$，高斯函数参数 $a$

输出：训练实例集合 $\mathcal{D}$

1　$\mathcal{D} \leftarrow \varnothing$

2　**For all** $t$ in the spatiotemporal tensors

3　　$\overline{v}_{l,t+1}^{c}$ = Adaptive-STKNN（$XC\_Ht_l, MC_{l,t}(lc, ln), K, a$）　// $MC_{l,t}(lc, ln) \in \{XC\_Tr_l\}$

4　　$\overline{v}_{l,t+1}^{p}$ = Adaptive-STKNN（$XP\_Ht_l, MP_{l,t}(lp, ln), K, a$）　// $MP_{l,t}(lp, ln) \in \{XP\_Tr_l\}$

5　　$\overline{v}_{l,t+1}^{q}$ = Adaptive-STKNN（$XQ\_Ht_l, MQ_{l,t}(lq, ln), K, a$）　// $MQ_{l,t}(lq, ln) \in \{XQ\_Tr_l\}$

6　　Put a training instance $\left( \left\{ \overline{v}_{l,t+1}^{c}, \overline{v}_{l,t+1}^{p}, \overline{v}_{l,t+1}^{q} \right\}, v_{l,t+1} \right)$ into $\mathcal{D}$

7　**End for**

8　输出训练实例集合 $\mathcal{D}$

# 6.5　多任务多视图学习方法

　　多任务多视图特征学习模型要求每个任务具有相同维度的特征。空间异质性的存在，使得不同路段具有不同空间邻居和时间窗口，从而产生不同维度的时空状态矩阵。因此，直接利用时空状态信息，无法适应多任务多视图特征学习的范式。通过多核学习，可得到时空邻近视图、时空周期视图、时空趋势视图所有训练和测试时间间隔的预测结果；将 3 个视图的预测结果映射为高层的语义特征，同时将每个路段交通状况的预测当作一个任务，可使每个任务具有一致的特征维度；然后采用多任务多视图特征学习模型来学习任务之间的相关性和视图之间的一致性（He and Lawrence，2011），同时限制所有路段选择一组共享特征，即可实现整个道路网络交通状况的同步预测。

假设路段 $l$ 的时空邻近视图的特征向量为 $x_l^c = \{x_{l,1}^c, x_{l,2}^c, \cdots, x_{l,N_l}^c\} \in \mathbb{R}^{N_l}$，时空周期视图的特征向量为 $x_l^p = \{x_{l,1}^p, x_{l,2}^p, \cdots, x_{l,N_l}^p\} \in \mathbb{R}^{N_l}$，时空趋势视图的特征向量为 $x_l^q = \{x_{l,1}^q, x_{l,2}^q, \cdots, x_{l,N_l}^q\} \in \mathbb{R}^{N_l}$，其中 $N_l$ 为路段 $l$ 的样本数，$x_{l,i}^c$、$x_{l,i}^p$、$x_{l,i}^q$ 分别对应训练实例集合 $\mathcal{D}$ 中的第 $i$ 个样本的时空邻近视图、时空周期视图、时空趋势视图的预测值，即 $x_{l,i}^c = \bar{v}_{l,i}^c$、$x_{l,i}^p = \bar{v}_{l,i}^p$、$x_{l,i}^q = \bar{v}_{l,i}^q$。路段 $l$ 预测值的真实值的特征向量为 $y_l = \{y_{l,1}, y_{l,2}, \cdots, y_{l,N_l}\} \in \mathbb{R}^{N_l}$，$y_{l,i} = v_{l,i}$。将单个视图的特征向量整合到一起，可得到路段 $l$ 的整体特征矩阵为 $X_l = \{x_l^c, x_l^p, x_l^q\} \in \mathbb{R}^{N_l \times 3}$。

不同的视图从不同的层面刻画了路段的交通状况，因此每个视图具有不同的权重。假设时空邻近视图的权重为 $w_l^c$，时空周期视图的权重为 $w_l^p$，时空趋势视图的权重为 $w_l^q$，为了简化处理，采用线性映射的方式，得到每个视图的权重贡献值，即 $x_l^c w_l^c$、$x_l^p w_l^p$、$x_l^q w_l^q$，将多个单视图整合到一起，使得视图之间相互补充来获取增强的知识，从而得到每个任务整合的预测值（Zhang et al.，2015），即

$$f_l(X_l) = \frac{1}{3}\{x_l^c w_l^c + x_l^p w_l^p + x_l^q w_l^q\} = \frac{1}{3}X_l w_l \tag{6-10}$$

式中，假设时空邻近视图的权重为 $w_l^c$；时空周期视图的权重为 $w_l^p$；时空趋势视图的权重为 $w_l^q$。$W = \{w_1, w_2, \cdots, w_M\} \in \mathbb{R}^{3 \times M}$ 表示 $M$ 个任务的权重矩阵。注意，此处由于无法获取到不同视图对整体预测结果贡献值的先验知识，因此采用平均的方式来得到整合的预测值。

考虑到不同的视图从不同的方面（如邻近性、周期性、趋势性）描述相同路段的内在特征，每个视图的预测结果应该尽可能相近，即保持视图之间的一致性。因此，本章采用正则项来增强单个视图的学习能力（Sindhwani et al.，2005；Liu et al.，2016b）。例如，引入 $\alpha \sum_{l=1}^{M} \left\| X_l^c w_l^c - X_l^p w_l^p \right\|_2^2$，使得邻近视图的预测结果和周期视图的预测结果尽可能接近，从而提高预测模型的精度。另外，考虑到路段通过路网有机连接在一起，路段的交通状况受其直接或间接上下游路段交通状况的影响。两个路段之间的交通状况越相关，其交通模式越具有相似性。因此，本研究引入图的拉普拉斯正则项来获取路段 $l$ 的全局时空相关性，使得具有相似交通模

式的路段的交通状况有较小的偏差，如 $\gamma \sum_{l,m=1}^{M} S_{l,m} \|w_l - w_m\|_2^2$。$w_l$ 中的第 $i$ 个元素表示第 $l$ 个任务的第 $i$ 个特征的重要性，本章限制所有路段选择一组共同的特征集合来特征化任务之间的相关性，也就是说，所有任务基于一组共同的特征子集，可以通过引入基于组的 Lasso 正则项来达到这一目标。采用最小二乘损失函数，多任务多视图特征学习模型的目标函数 $\Pi(W)$ 可形式化为一个监督的学习框架：

$$
\begin{aligned}
\min_W \frac{1}{2}\sum_{l=1}^{M}\left\|y_l - \frac{1}{3}X_l w_l\right\|_2^2 &+ \alpha\sum_{l=1}^{M}\left\|X_l^c w_l^c - X_l^p w_l^p\right\|_2^2 + \beta\sum_{l=1}^{M}\left\|X_l^c w_l^c - X_l^t w_l^t\right\|_2^2 \\
&+ \varphi\sum_{l=1}^{M}\left\|X_l^p w_l^p - X_l^t w_l^t\right\|_2^2 + \gamma\sum_{l,m=1}^{M}S_{l,m}\left\|w_l - w_m\right\|_2^2 + \theta\|W\|_{2,1} \\
&+ \mu\|W\|_F^2
\end{aligned}
$$

$$(6\text{-}11)$$

式中，$S_{l,m}$ 为路段 $l$ 和 $m$ 之间的互相关系数，$S_{l,m}$ 的值越大，表明两个路段交通状况越相关，图的拉普拉斯正则项使得 $w_l$ 和 $w_m$ 更相似，因此可以自动编码空间相关性。$\|W\|_F^2$ 为 Frobenius 范数，用于增强模型的鲁棒性。$\|W\|_{2,1}$ 表示 $W$ 的 $L_{2,1}$ 范数，使得所有任务自动选择一组共享的决定性特征，可以通过计算 $W$ 中每一行的 $L_2$ 范数的和来获得（Zhao et al.，2015）。$\alpha$、$\beta$、$\varphi$ 为耦合参数，用于调节不同视图不一致的强度，$\gamma$ 用于惩罚不同任务之间映射函数的不一致性（Zhang and Huan，2012）。$\theta$ 用于控制特征的稀疏性，$\mu$ 为 $L_2$ 范数正则项的参数。

由于存在非平滑的 $L_{2,1}$ 正则项，因此 stRegMTMV 模型可以看作是一个非平滑的凸优化问题。业界提出多种策略来解决这一问题，如 FISTA 算法（Beck and Teboulle，2009）、AGD（Nesterov，2013）优化算法。为了方便描述，平滑项用 $f(W)$ 描述，如 $f_1(W)$，非平滑项用 $h(W)$ 描述，如 $h(W) = \theta\|W\|_{2,1}$，即 $\Pi(W) = f(W) + h(W)$。假设 $W_k$ 表示第 $k$ 次迭代的权重，可使用近端梯度下降算法来求解（Combettes and Wajs，2005）：

$$W_{k+1} = \text{Prox}_{h,\eta}(W_k - \eta\nabla f(w)) = \underset{W}{\text{argmin}}\, h(W) + \frac{\eta_k}{2}\|W - Z_k\|_2^2 \quad (6\text{-}12)$$

式中，$Z_k = V_k - \frac{1}{\eta_k}\nabla f(V_k)$，$\frac{1}{\eta_k}$ 表示步长，$\eta_k$ 可通过线性搜索来确定，$\nabla f(V_k)$ 为平滑凸函数的梯度值。假设 $\psi_k = \frac{\theta}{\eta_k}$，当 $\psi$ 已知时，$W$ 可由下式求解（Liu et al.，2009）：

$$w_k^i = \begin{cases} \left(1 - \dfrac{\psi_k}{\|z^i\|_2}\right) z^i, \psi_k > 0, \|z^i\|_2 > \psi_k \\[3mm] 0, \psi_k > 0, \|z^i\|_2 \leqslant \psi_k \\[3mm] z^i, \psi_k = 0 \end{cases} \tag{6-13}$$

式中，$w_k^i$ 为 $W_k$ 的第 $i$ 行，$w_k^i \in \mathbb{R}^M$。$z_k^i$ 为 $Z_k$ 的第 $i$ 行，$z_k^i = v_k^i - \dfrac{1}{\eta_k} \nabla f(v_k^i)$。为了加快梯度下降算法的迭代速度，引入 AGD 算法，每次迭代采用前两次近似解的线性组合，即 $V_k = (1 + \delta_k)W_k - \delta_k W_{k-1}$，$\delta_k$ 为组合相关系数，$\delta_k = \dfrac{t_{k-2} - 1}{t_{k-1}}$，$t_k = \left(1 + \sqrt{1 + 4t_{k-1}^2}\right) / 2$。

由式（6-13）可以看到，通过计算平滑凸函数 $f(W)$ 的梯度值 $\nabla f(V_k)$，即可得到 stRegMTMV 模型目标函数相对于 $W$ 的解。按照梯度下降算法，分别计算目标函数平滑项的梯度值，其推导公式如下：

假设 $f_1(W) = \dfrac{1}{2} \sum\limits_{l=1}^M \left\| y_l - \dfrac{1}{3} X_l w_l \right\|_2^2$，逐项展开并求导可得到：

$$\begin{aligned} \nabla f_1(w_l) &= \frac{1}{2} \nabla \mathrm{tr}\left[\left(\frac{1}{3} X_l w_l - y_l\right)^{\mathrm{T}} \left(\frac{1}{3} X_l w_l - y_l\right)\right] \\ &= \frac{1}{2} \nabla \mathrm{tr}\left[\frac{1}{9}(w_l)^{\mathrm{T}}(X_l)^{\mathrm{T}} X_l w_l - \frac{1}{3} X_l w_l (y_l)^{\mathrm{T}} - \frac{1}{3}(w_l)^{\mathrm{T}}(X_l)^{\mathrm{T}} y_l + (y_l)^{\mathrm{T}} y_l\right] \\ &= \frac{1}{9}(X_l)^{\mathrm{T}} X_l w_l - \frac{1}{3}(X_l)^{\mathrm{T}} y_l \end{aligned}$$

$$\tag{6-14}$$

采用类似的方式，可得到视图之间差异的正则项的梯度值。假设 $f_2(W) = \alpha \sum\limits_{l=1}^M \left\| X_l^c w_l^c - X_l^p w_l^p \right\|_2^2$，$f_3(W) = \beta \sum\limits_{l=1}^M \left\| X_l^c w_l^c - X_l^t w_l^t \right\|_2^2$，$f_4(W) = \varphi \sum\limits_{l=1}^M \left\| X_l^p w_l^p - X_l^t w_l^t \right\|_2^2$，3 个函数的梯度值分别计算如式（6-15）～式（6-17）所示：

$$\begin{aligned} \nabla f_2(w_l) &= \alpha \nabla \mathrm{tr}[(X_l^c w_l^c - X_l^p w_l^p)^{\mathrm{T}}(X_l^c w_l^c - X_l^p w_l^p)] \\ &= 2\alpha(X_l^c)^{\mathrm{T}} X_l^c w_l^c - 2\alpha(X_l^c)^{\mathrm{T}} X_l^p w_l^p - 2\alpha(X_l^p)^{\mathrm{T}} X_l^c w_l^c + 2\alpha(X_l^p)^{\mathrm{T}} X_l^p w_l^p \end{aligned}$$

$$\tag{6-15}$$

$$\begin{aligned} \nabla f_3(w_l) &= \beta \nabla \mathrm{tr}[(X_l^c w_l^c - X_l^t w_l^t)^{\mathrm{T}}(X_l^c w_l^c - X_l^t w_l^t)] \\ &= 2\beta(X_l^c)^{\mathrm{T}} X_l^c w_l^c - 2\beta(X_l^c)^{\mathrm{T}} X_l^t w_l^t - 2\beta(X_l^t)^{\mathrm{T}} X_l^c w_l^c + 2\beta(X_l^t)^{\mathrm{T}} X_l^t w_l^t \end{aligned} \tag{6-16}$$

$$\nabla f_4(w_l) = \varphi \nabla \mathrm{tr}[(X_l^p w_l^p - X_l^t w_l^t)^T (X_l^p w_l^p - X_l^t w_l^t)]$$
$$= 2\varphi(X_l^p)^T X_l^p w_l^p - 2\varphi(X_l^p)^T X_l^t w_l^t - 2\varphi(X_l^t)^T X_l^p w_l^p + 2\varphi(X_l^t)^T X_l^t w_l^t$$

$$(6\text{-}17)$$

在实现过程中，将 $\nabla f_2(w_l)$、$\nabla f_3(w_l)$、$\nabla f_3(w_l)$ 排列成矩阵形式，可得到：

$$\nabla f_4(w_l) = \begin{bmatrix} (2\alpha+2\beta)(X_l^c)^T X_l^c & -2\alpha(X_l^c)^T X_l^p & -2\beta(X_l^c)^T X_l^t \\ -2\alpha(X_l^p)^T X_l^c & (2\alpha+2\varphi)(X_l^p)^T X_l^p & -2\varphi(X_l^p)^T X_l^t \\ -2\beta(X_l^t)^T X_l^c & -2\varphi(X_l^t)^T X_l^p & (2\beta+2\varphi)(X_l^t)^T X_l^t \end{bmatrix} \begin{bmatrix} w_l^c \\ w_l^p \\ w_l^t \end{bmatrix}$$

$$(6\text{-}18)$$

进一步地，可以将图的拉普拉斯正则项重写为式（6-19）的形式：

$$f_5(W) = \gamma \sum_{l,m=1}^{M} S_{l,m} \| w_l - w_m \|_2^2$$
$$= 2\gamma \sum_{l=1}^{M} (w_l)^2 \sum_{m=1}^{M} S_{l,m} - 2\gamma \sum_{l=1}^{M} w_l \sum_{m=1}^{M} w_m S_{l,m} \qquad (6\text{-}19)$$
$$= 2\gamma W^T DW - 2\gamma W^T SW$$

引入拉普拉斯矩阵 $L = D - S$，则可得到：

$$f_5(W) = 2\gamma W^T LW \Rightarrow \nabla f_5(W) = 2\gamma \ \nabla \mathrm{tr}(W^T LW) = 2\gamma WL \qquad (6\text{-}20)$$

其中，$D$ 为对角矩阵，$D_{l,l} = \sum_{m=1}^{M} S_{l,m}$。最后，对 Frobenius 范数正则项求导可得

$$f_6(W) = \mu \| W \|_F^2 \Rightarrow \nabla f_5(W) = 2\mu W \qquad (6\text{-}21)$$

通过将式（6-14）～式（6-21）计算得到的梯度值相加，代入式（6-13），可得到目标函数相对于 $W$ 的解。在迭代过程中，当满足式（6-22）的条件时，则完成一次迭代。

$$f(W_{k+1}) \leqslant f(V_k) + \left[ \nabla f(V_k), W_{k+1} - V_k \right] + \frac{\eta_k}{2} \| W_{k+1} - V_k \|_2^2 \qquad (6\text{-}22)$$

式中，$\langle .,. \rangle$ 表示内积。

stRegMTMV 模型的目标函数的求导过程如算法 6-2 所示。

**算法 6-2 stRegMTMV 模型的求解过程**

---

输入：最大迭代次数 $K$

输出：权重矩阵 $W$

初始化：$t_{-1} = 0$，$t_0 = 1$，$\eta_0 = 1$，$W_1 = W_0$

**1 for** $k = 1, 2, 3, \cdots, K$ **do**

**2** $\qquad \delta_k = \dfrac{t_{k-2} - 1}{t_{k-1}}$，$V_k = (1 + \delta_k) W_k - \delta_k W_{k-1}$

| 3 | while true |
| 4 | $W_{k+1} \leftarrow \underset{W}{argmin}\, h(W) + \dfrac{\eta_k}{2}\|W - Z_k\|_2^2$ |
| 5 | if $f(W_{k+1}) \leqslant f(V_k) + \langle \nabla f(V_k), W_{k+1} - V_k \rangle + \dfrac{\eta_k}{2}\|W_{k+1} - V_k\|_2^2$ |
| 6 | break |
| 7 | else |
| 8 | $\eta_k = 2\eta_{k-1}$ |
| 9 | end if |
| 10 | end while |
| 11 | $W_{k-1} = W_k,\;\; W_k = W_{k+1},\;\; t_k = \left(1 + \sqrt{1 + 4t_{k-1}^2}\right)/2$ |
| 12 | end for |

# 6.6 粒子群优化算法

时空多任务多视图学习模型包括多个需要调整的正则化参数，如 $\alpha$、$\beta$、$\varphi$、$\gamma$、$\theta$、$\mu$。参数设置在一定程度上会影响预测模型的精度。现有的许多多任务或者多视图学习模型在参数调优过程中通常给每个参数设定一个范围，然后利用格网搜索来寻找一组最优的参数组合。这种处理方式极大地增加了模型的训练时间。因此，本章引入粒子群优化（PSO）算法来求解优化问题。

假设在可解空间中有存在 np 个粒子组成的种群 $Z = (Z_1, Z_2, \cdots, Z_{np})$，每个粒子利用位置、速度和适应度来特征化。$Z_i = [\text{loc}_{i,\alpha}, \text{loc}_{i,\beta}, \text{loc}_{i,\varphi}, \text{loc}_{i,\gamma}, \text{loc}_{i,\theta}, \text{loc}_{i,\mu}]^T$，为第 $i$ 个粒子在搜索空间中的位置，代表极值优化问题的一个潜在最优解，由一个三维的向量组成，分别对应多任务多视图学习模型目标函数的正则化参数 $\alpha$、$\beta$、$\varphi$、$\gamma$、$\theta$、$\mu$。$U_i = [v_{i,\alpha}, v_{i,\beta}, v_{i,\varphi}, v_{i,\gamma}, v_{i,\theta}, v_{i,\mu}]^T$ 为第 $i$ 个粒子的速度，$P_i = [p_{i,\alpha}, p_{i,\beta}, p_{i,\varphi}, p_{i,\gamma}, p_{i,\theta}, p_{i,\mu}]^T$ 为个体极值位置，种群极值位置为 $G = [g_\alpha, g_\beta, g_\varphi, g_\gamma, g_\theta, g_\mu]^T$，利用训练数据的 MAPE 误差指数作为适应度函数，用于判断粒子的优劣程度。粒子每更新一次就重新计算一次适应度值。每个粒子以一定的速度在求解空间中运动，通过更新个体极值 Pbest 和群体极值 Gbest 来更新个体的位置和速度（Wang et al.，2015）。在每一次迭代过程，粒子的位置和速度更新规则如下：

$$U_i^{k+1} = \omega U_i^k + c_1 r_1 (P_i^k - Z_i^k) + c_2 r_2 (G^k - Z_i^k) \qquad (6\text{-}23)$$

$$Z_i^{k+1} = Z_i^k + U_i^{k+1} \qquad (6\text{-}24)$$

式中，$U_i^{k+1}$ 表示第 $k+1$ 次迭代过程中第 $i$ 个粒子的速度；$\omega$ 为惯性权重；$c_1$ 和 $c_2$ 为加速度因子；$r_1$ 和 $r_2$ 为 $[0，1]$ 的随机数。PSO 算法主要包括以下 5 个步骤（Ren et al.，2014；Qin et al.，2017），算法流程如图 6-3 所示。

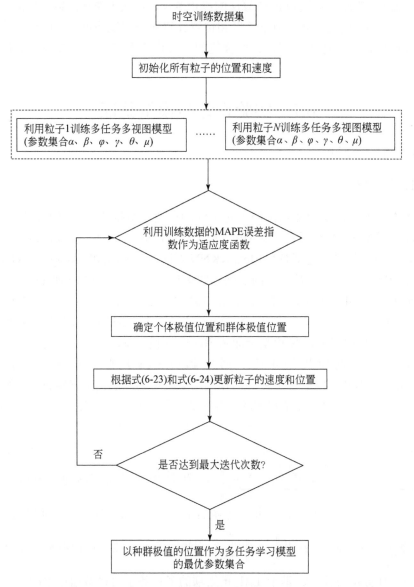

图 6-3　粒子群优化算法的执行流程

步骤 1：设定迭代次数、种群规模，初始化所有粒子的位置和速度；
步骤 2：训练多任务模型，计算每个粒子的适应度值；

步骤 3：根据粒子的适应度值，确定个体极值位置和群体极值位置；

步骤 4：根据式（6-23）和式（6-24）更新粒子的速度和位置；

步骤 5：判断是否达到 PSO 算法的终止条件，如最大迭代次数，如果未达到则返回步骤 2，根据更新的粒子速度和位置计算粒子的适应度值，更新个体极值和种群极值，如果达到，则以种群极值的位置作为多任务学习模型的最优参数集合。

# 6.7　实验设计与模型验证

## 6.7.1　实验设计

### 1.基准模型

在本研究中，实验数据来源于北京浮动车速度数据集，数据的详细描述及预处理方式见 5.5.1 节。采用 MAPE、MAE、RMSE 3 个性能度量指标和现有的 9 种方法进行了比较，包括 HA、Elman、KNN、STKNN、Spatially Adaptive-STKNN、MVL-STKNN 模型以及基于不同正则项的多任务学习方法［MRMTL（Evgeniou and Pontil，2004）、Lasso（Tibshirani，2011）、L21（Argyriou et al.，2008）］。其中，HA、Elman、KNN、STKNN、Spatially Adaptive-STKNN 模型的结构可参照 5.5.4 节。MVL-STKNN 模型全面考虑时空依赖关系，构造 3 个时空视图（时空邻近矩阵、时空周期矩阵、时空趋势矩阵）来刻画交通状况，将 Adaptive-STKNN 获取的 3 个视图的预测结果映射为高层的语义特征，训练一个多视图学习方法来整合 3 个视图的预测结果，但忽略了预测任务之间的相关性。MRMTL 模型是一种考虑任务之间相关性的多任务学习模型，引入权重的平均值来建模任务之间的异质性，通过优化目标函数 $\min_W \frac{1}{2}\sum_{l=1}^{M}\left\|y_l - \frac{1}{3}X_l w_l\right\|_2^2 + \gamma\sum_{l=1}^{M}\left\|w_l - \sum_{m=1}^{M}w_m\right\|_2^2 + \mu\|W\|_F^2$ 实现道路网络交通速度的全局预测。在多任务学习模型中引入稀疏性，如正则项 $\rho_1\|W\|_1$，优化目标函数 $\min_W \frac{1}{2}\sum_{l=1}^{M}\left\|y_l - \frac{1}{3}X_l w_l\right\|_2^2 + \rho_1\|W\|_1 + \mu\|W\|_F^2$ 实现短时交通预测，可构造基于 Lasso 正则项的多任务学习模型。基于 L21 正则项的多任务学习模型通过限制所有任务共享一组特征子集，在多任务学习模型中引入基于组的 Lasso 正则项来实现这一目标，其优化的目标函数为：$\min_W \frac{1}{2}\sum_{l=1}^{M}\left\|y_l - \frac{1}{3}X_l w_l\right\|_2^2 + \theta\|W\|_{2,1} + \mu\|W\|_F^2$。

这些方法可以粗略分为 4 类,如表 6-1 所示。HA、Elman、KNN、STKNN、Spatially Adaptive-STKNN 是单任务单视图学习模型,在建模过程中针对每个路段分别构建预测模型,且每个任务只有单个视图。MVL-STKNN 是单任务多视图模型,通过引入多个视图来对每个路段单独建模,不考虑任务之间的相关性。MRMTL、Lasso、L21 模型属于多任务单视图模型。在建模过程中,将多个视图的特征拼接成单一的特征向量,不考虑视图之间的一致性。本章提出的 stRegMTMV 模型属于第 4 类的多任务多视图学习模型。

表 6-1　基准模型分类

| 类别 | 学习过程 | 模型 |
|---|---|---|
| 1 | 单任务单视图 | HA、Elman、KNN、STKNN、Spatially Adaptive-STKNN |
| 2 | 单任务多视图 | MVL-STKNN |
| 3 | 多任务单视图 | MRMTL、Lasso、L21 |
| 4 | 多任务多视图 | stRegMTMV |

## 2. 变量估计

本节给出了 PSO 算法优化时空多任务多视图特征学习模型的详细过程。由式 (6-23) 可以看出,种群中粒子的位置和速度的更新过程依赖于惯性权重 $\omega$ 及加速度因子 $c_1$ 和 $c_2$,这些参数在一定程度上影响 PSO 算法的优化性能。已有大量研究通过实验和理论分析来探索这些参数组合下算法的优化性能,并给出了推荐的参数设置策略(Carlisle and Dozier,2001;Trelea,2003;Samal et al.,2007;Tuppadung and Kurutach,2011)。例如,Para1 ( $\omega = 0.7298, c_1 = c_2 = 1.49618$ )是通过比较惯性权重和收缩因子得到的一组推荐参数值(Tuppadung and Kurutach,2011);Para3 ( $\omega = 0.7298, c_1 r_1 = 0.103, c_2 r_2 = 2.897$ )可以使得 PSO 算法达到较快的收敛速度 (Samal et al.,2007),详细的 PSO 算法的参数列表如表 6-2 所示。由于没有粒子速度范围和位置范围的先验知识,因此本章首先粗略地设定一个较大的范围,通过不断缩小范围来测试不同范围下 stRegMTMV 在训练数据集上的预测精度,最终确定粒子的位置范围为 $[0.00001, 0.001]$,速度范围为 $[-0.0005, 0.0005]$。在此基础上,设定 PSO 算法的运行次数和种群的进化次数为 20,种群大小为 10,分别测试了 4 种参数设置下,stRegMTMV 在训练数据集上的预测精度的最大值、最小值以及平均值,实验结果如表 6-2 所示。可以看到,stRegMTMV 对 PSO 参数的设置并不敏感,无论选取哪种参数,模型的预测精度均在较小的范围内变化。图 6-4 给出了 4 种参数设置下平均最优拟合度值(即运行 20 次,每次进化的平均

值）随迭代次数的变化曲线。可以看到，PSO 算法可以在 6 次进化次数范围内达
到平稳，相比于格网搜索的方法，可以极大地提高模型的训练速度。考虑到 Para3
具有较快的收敛速度并且具有最小的平均预测误差，因此本章选取 Para3 作为模
型的最优参数组合用于接下来的实验比较。

表 6-2　PSO 算法在 4 组参数下的运行结果

| 参数 | $[\omega,c_1,c_2]$ | ［最小值，最大值，平均值］ | $[\alpha,\beta,\varphi,\gamma,\theta,\mu]/\times10^{-3}$ |
| --- | --- | --- | --- |
| Para1 | ［0.7298，1.49618，1.49618］ | ［6.02，7.67，6.08］ | ［0.01，0.01，0.2848，1.00，0.8956，0.01］ |
| Para2 | ［0.6，1.7，1.7］ | ［6.02，8.32，6.10］ | ［0.01，0.01，0.2860，1.00，1.00，0.01］ |
| Para3 | ［0.6，0.103，2.897］ | ［6.02，7.20，6.06］ | ［0.01，0.01，0.2857，1.00，1.00，0.01］ |
| Para4 | ［0.7298，2.0434，0.9487］ | ［6.02，8.07，6.11］ | ［0.01，0.01，0.2836，1.00，0.9992，0.01］ |

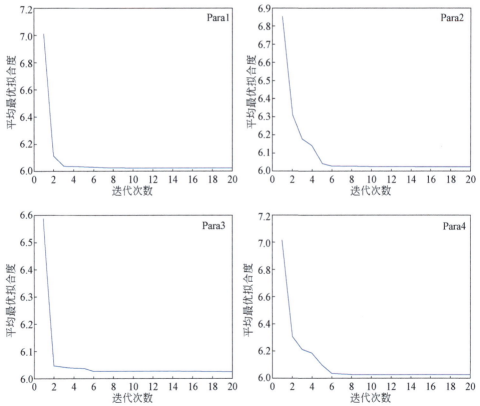

图 6-4　PSO 在 4 组参数下的平均拟合度曲线

## 6.7.2  预测精度比较

在确定了最优的模型结构后，本章利用北京浮动车速度数据测试了不同模型的预测精度，实验结果如图 6-5 所示。HA、Elman、KNN 模型可以看作是传统的时间序列预测模型，在预测过程中只考虑目标路段本身的历史交通状况，忽略周围路段的交通状况（如上下游路段）和预测路段的时空交互。而 STKNN、Spatially Adaptive-STKN、MVL-STKNN、MRMTL、Lasso、L21 和 stRegMTMV 模型可以看作是时空预测模型，通过在建模过程中确定交通的时空演化模式并合理地引入时空信息来增强短时交通的预测能力。因此，它们的预测精度要明显高于传统的时间序列预测模型，表明合理考虑时空依赖性可以提高短时交通预测精度。从模型分类来看，第 2 类模型的预测精度优于第 1 类模型，证明引入多个视图可以更全面地刻画路段的交通状况。第 3 类模型的预测精度优于第 2 类模型，这是由于路网是通过路段有机连接在一起的，路段的交通状况除了受其直接上下游路段的影响，可能还受其他路段的间接影响，引入多任务学习可以捕获路段的全局相关性，因此提高了预测模型的精度，但该类方法忽略了视图之间的一致性。而本章提出的 stRegMTMV 模型同时利用多个视图和多个任务之间的信息来刻画道路网

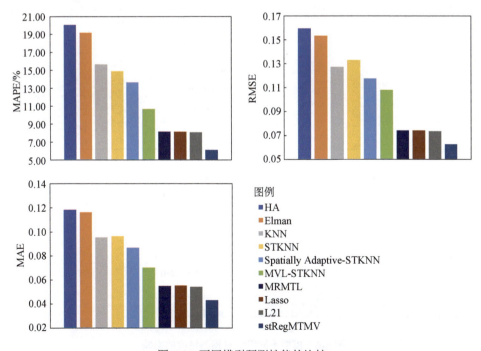

图 6-5  不同模型预测性能的比较

络的局部和全局相关性。从实验结果来看，就 MAPE 而言，其预测精度比第 3 类模型提高了接近 24.7%，从而证明多任务多视图学习方法适用于短时交通预测。

### 6.7.3 影响因素分析

#### 1. 模型不同组件的影响

为了评估 stRegMTMV 模型不同组件对模型预测精度的影响，本研究设置了 6 种条件，分别对应模型的 6 个超参数，实验结果如图 6-6 所示。在组件 1 中，设置 $\alpha = 0$，可以看到，就 MAPE 而言，相比于 stRegMTMV 模型，预测精度降低了 7.4%，证明惩罚邻近视图和周期视图的不一致性可以提高预测模型的精度。相同的结论可以从组件 2 和组件 3 与 stRegMTMV 模型的预测精度的比较中获得，两者的预测精度分别降低了 2.5% 和 13.9%。通过比较组件 1、组件 2 与组件 3 可以看到，忽略组件 3 对模型的预测精度影响最大。其原因在于：周期视图和趋势视图的预测结果具有较大的不确定性。因此，在建模过程中，不约束两个视图的预测结果尽可能地保持相似，会使得最终的预测结果产生较大的偏差。在组件 4 中，将 $S_{l,m}$ 设置为单位矩阵，即 $S_{l,m} = I$ 来评估引入空间相关性对 stRegMTMV 模

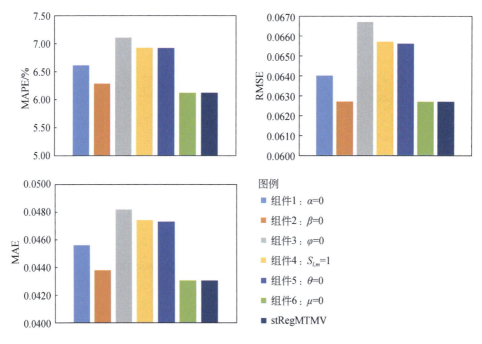

图 6-6　模型不同组件对预测精度的影响

型预测精度的影响。可以看到，预测精度降低了 13.1%，这是符合期望的。在道路网络中，并不是所有的道路（任务）都具有空间相关性，在 stRegMTMV 模型中引入图的拉普拉斯正则项可以捕获任务之间不一致的空间相关性，这对模型的构建至关重要。在组件 5 中，设置 $\theta = 0$，使得目标函数转变为平滑的凸优化问题，降低了模型的求解难度。然而，模型的预测精度降低了 13.1%。该结果表明，牺牲模型求解便捷性的代价是值得的，引入基于组的 Lasso 正则项可以控制特征的稀疏性，使得多个相关的任务选择一组共享的特征子集。例如，较容易抓取的邻近视图或周期视图产生的特征，能够提高 stRegMTMV 模型的预测精度。从以上分析可以看出，本章提出的 stRegMTMV 模型的各个组件的构建均是合理的。另外，需要说明的是，在实验中发现，当 $\mu = 0$ 时（组件 6），预测模型的精度并不发生改变。从模型通用性的角度出发，依然保留正则项 $\mu \| W \|_F^2$。例如，当 $\alpha = 0$，$\beta = 0$，$\varphi = 0$，$\gamma = 0$，本章的模型则转化为 L21 模型。

## 2. 不同特征空间的影响

在 stRegMTMV 模型中，不同的特征代表不同视图的预测结果。为了进一步研究不同的特征空间对模型预测性能的影响，在保证多视图的前提下，本研究分别实现了 stRegMTMV 模型的 3 个不同版本：①包含时空邻近视图和周期视图，忽略趋势视图，形成 stRegMTMV-RP 模型；②包含时空邻近视图和趋势视图，忽略周期视图，形成 stRegMTMV-RT 模型；③包含时空周期视图和趋势视图，忽略邻近视图，形成 stRegMTMV-PT 模型。将这 3 个模型和本章提出的 stRegMTMV 模型进行预测精度比较，实验结果如图 6-7 所示。可以清晰地看到，一方面，stRegMTMV-RP 和 stRegMTMV-RT 模型相比于其他单任务单视图以及单任务多视图模型，预测精度依然得到很大的提升，但和 stRegMTMV 模型仅有轻微的差别，表明多任务多视图模型适用于短时交通预测建模。在保证邻近视图的前提下，引入趋势视图或周期视图在一定程度上能提高预测模型的精度，但影响很小。另一方面，stRegMTMV-PT 模型的预测精度显著低于其他 3 个版本的模型，甚至低于传统的单任务多视图模型。从这两组对比可以得到以下结论：①时空邻近视图在多任务多视图模型中起到主导地位。由时空数据模型的构建过程可以看到，周期和趋势视图的构建需要更长跨度的时间窗口，如当前时刻前一天或前一周的交通状况，因此相比于邻近视图，更难抓取交通模式的动态改变。②合理构造特征空间，对模型预测精度的提升至关重要。例如，stRegMTMV-PT 模型可以表达任务之间的相关性和视图之间的不一致性，但缺乏占主导地位的时空邻近视图，模型的预测性能依然很难提高。

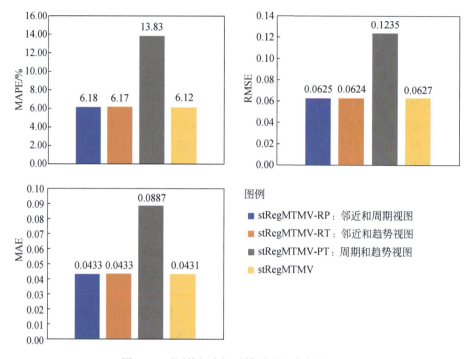

图例

■ stRegMTMV-RP：邻近和周期视图
■ stRegMTMV-RT：邻近和趋势视图
■ stRegMTMV-PT：周期和趋势视图
■ stRegMTMV

图 6-7　不同特征空间对模型预测精度的影响

## 6.7.4　训练时间评估

训练时间是评估模型性能的一个重要方面。本章在 64 位操作系统、16 GM RAM 和 3.4-GHz Intel i7 CPU 的设备上对不同模型的训练时间进行了比较。在比较的模型中，KNN 模型认为系统所有因素之间的内在联系都隐含在历史状态空间中，直接从历史状态空间中获取信息（Zhang et al.，2013；Zheng and Su，2014）。STKNN 和 Adaptive-STKNN 模型在传统 KNN 模型中引入空间信息，通过比较当前和历史的时空状态矩阵之间的距离来获取相似的交通模式，因此它们都没有训练过程。Elman-NN 和 MVL-STKNN 模型采用神经网络来拟合时空数据的非线性关系，模型的训练时间和学习率、步长、初始值等参数相关。而基于粒子群优化方法的训练时间和种群的大小、惯性权重、加速度因子等参数范围相关。因此，将这两种不同类型的模型进行训练时间的比较是不公平的。在实验过程中，采用 PSO 算法优化了 MRMTL、Lasso、L21，以及 stRegMTMV 模型。因此，在相同的参数设置条件下，可以合理地比较这 4 种方法的训练时间。考虑到 PSO 算法可以在 6 次迭代后达到稳定，因此设定进化次数为 6。从图 6-8 可以看到，stRegMTMV 模型的训练时间最长，其原因在于它需要优化的参数多于其他 3 个模型。考虑到模型预测性能的提升，这种代价是值得的。然而，从整体来看，采用 PSO 算法可以使得各个模型均在较短的时间内达到平稳，证明了 PSO 算法可以高效得到最优解。

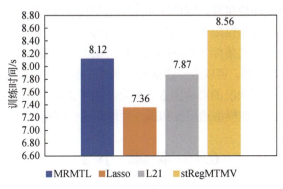

图 6-8　基于 PSO 算法的模型的训练时间对比

## 6.8　讨　　论

从模型独特性的角度来看，本章所提出的 stRegMTMV 模型和现有的时空多任务多视图预测模型的出发点是一致的，即利用多任务学习表达时空数据存在的全局时空相关性以及多个视图之间的一致性。但其本质的差别在于，stRegMTMV 模型同步抓取了时空数据的动态性和异质性特征。在建模过程中，通过考虑时间邻近性、周期性、趋势性来刻画时空数据的动态模式特征，通过为每个路段选择不同的空间邻居来表征空间异质性；同时，利用统一的建模框架和 PSO 算法，分别解决了异质性和全局预测能力无法均衡的问题以及参数优化的问题。更重要的是，本章所提出的 stRegMTMV 模型不需要依赖多源数据，仅利用历史的时空数据集构建多个视图，利用多核学习模型来得到每个视图的预测结果，进一步将该结果当作高层的语义特征用于多任务多视图模型的输入。这一处理方式，降低了模型对数据的依赖性以及特征选择的依赖性（如无法获取到某种特征的数据集以及选取哪种特征），因此模型的泛化能力更强，可以作为通用的地理时空建模框架运用在水质、人群流动、交通的预测中，这对于地理数据挖掘和知识发现意义重大。

从模型优化的角度来看，可以从 3 个方面对本章提出的模型进一步扩展：①在多核学习层，为了模型的简洁性，针对 3 个视图分别使用了相同的核函数，如 Adaptive-STKNN。然而，从实验结果可以看到，Adaptive-STKNN 对长时间范围的时空依赖性的表达效果并不好，因此完全可以针对不同视图的特性构建不同的核函数，从而进一步提高预测模型的性能。例如，在历史数据足够的情况下，在周期视图和趋势视图利用 LSTM 作为核函数来刻画长时间范围的时空依赖性（Zhang et al.,

2018）。②由于没有不同视图对整体预测结果贡献值的先验知识，因此本章在建模时采用平均的方式来得到整合的预测值。然而，从实验分析可以得到，邻近视图相比于周期视图和趋势视图更重要，因此在未来的模型构建过程中，可以为不同视图分别赋予不同的权重，且不仅限于采用线性整合的方式。③道路网络的交通状况受到外部因素的影响，如天气条件（Tsapakis et al., 2013）。因此，除了构建时空邻近视图、周期视图、趋势视图，可以进一步从外部事件中抽取特征来构建外部事件视图，从而更全面地刻画交通状况的影响因素。但是，由于需要引入除了历史时空数据集以外的数据，因此需要在模型通用性和预测性能间进行权衡。

# 6.9 本章小结

时空数据挖掘的本质是从数据中发现之前未知但潜在有用的知识。因此，时空建模的关键在于合理地理解隐喻的时空特性。目前已有的时空预测模型仅考虑时空数据的依赖性和异质性，但忽略了预测任务之间的全局相关性、时空异质性与预测模型全局预测能力之间的均衡，以及预测模型参数优化的问题，因而其预测精度有进一步提升的空间。针对这些挑战，本章基于粒子群算法，首次提出了一个时空多任务多视图预测模型，实现了短时交通预测的高效预测。

首先，为了刻画交通状况的时空依赖性和时空异质性，利用互相关函数构造时空邻近视图、周期视图、趋势视图来刻画每个路段的交通状况；其次，基于多核学习的思想，每个视图分别对应一个核函数，从而得到每个视图的预测结果。这组预测结果被当作高层次的语义特征映射来构造时空多任务多视图学习模型的输入特征矩阵；再次，构建统一的时空多任务多视图模型，通过在目标函数中增加一组正则项来保证任务之间的相关性以及视图之间的一致性，使得预测模型具备全局预测能力，且可以抓取道路网络的全局时空相关性；最后，引入粒子群算法来优化目标函数的参数选择，使得预测模型具有最优的模型结构以及更快的训练速度。在实验部分，利用真实的浮动车速度数据集对本章提出的模型进行了评估。通过和 9 种现有方法的比较，验证了本章提出方法的高效性。此外，对模型进行了剖析，分别测试了不同模型成分以及不同特征空间对模型预测精度的影响，进一步证明了本章所提出的方法适用于短时交通预测。

将来的研究主要包括以下几个方面：①引入不同的核函数来构造时空多任务多视图模型的输入；②采用不同的多视图整合方式；③构建外部因素视图来更全面地刻画交通状况，从而构建更加鲁棒和高效的短时交通预测模型。另外，本章仅从原理认知角度分析了所提出模型的通用性，未来需要采用其他数据集，如水质、人群流动数据来进一步验证所提出模型在其他类型时空数据的适用性。

# 第7章 可解释的时空注意力神经常微分方程预测模型

## 7.1 引　言

随着物联网的快速发展，爆炸式增长的地理时空数据为基于数据驱动的时空预测模型提供了重要的数据支撑。相较于传统的知识驱动模型，数据驱动模型忽略了前人所积攒的先验知识，而是建立机器学习或深度学习模型从数据中自动挖掘时空模式，从而取得较好的预测性能。然而，数据驱动模型是一种纯粹的黑盒模型，难以兼顾模型预测精度及可解释之间的均衡（Li et al.，2020；Liu et al.，2016b；Janowicz et al.，2020）。近年来，神经常微分方程（NODE）模型利用神经网络参数化的导数网络（DN）建立了深度学习和常微分方程之间的关系，进而预测时空系统的未知状态，已被证明同时具有良好的预测精度和可解释性（Chen et al.，2018b；Rubanova et al.，2019；Lechner and Hasani，2020；Zhou et al.，2021；Fang et al.，2021a）。尽管基于 NODE 的预测模型兼顾了模型预测精度及可解释之间的均衡，但仍然不足。究其原因，上述基于 NODE 的预测模型在提升模型可解释性的同时，牺牲了模型的预测精度。首先，上述基于 NODE 模型的导数网络仅依赖于时间因素，并没有将空间位置信息显式地建模到 DN 的输出中，这使得上述基于 NODE 的预测模型在时空预测任务中表现不佳。其次，基于 NODE 的预测模型本质上是求解 ODE 初值问题，这使得基于 NODE 的预测模型严重依赖于 ODE 初值，难以挖掘时空数据中的长时间依赖关系。鉴于上述背景，本章提出了可解释的时空注意力神经常微分方程模型（STA-ODE）用于时空预测任务，在兼顾时间信息和空间信息的显示建模的同时，捕捉时空数据中长时间依赖关系，得到更优的预测结果。

## 7.2　预　备　知　识

### 7.2.1　问题定义

在时空预测应用中，大多数的时空数据都可以抽象为图结构，因此，本章也是基于图结构构建 STA-ODE 预测模型。图结构是一个常见的数据结构,时空预测应用中的很多任务都可以抽象成图问题。因此,本章也是基于图结构来构建 STA-ODE 预测模型。在描述 STA-ODE 模型细节之前,本小节给出了 STA-ODE 模型所需的相关定义及时空预测问题的数学描述。

**定义 7.1(图)**:如图 7-1 所示,图 $G = \langle V, E \rangle$ 表示由监测站点抽象为的图结构,其中 $V = \{v_i\}_{i=1}^{n}$ 表示图 $G$ 中的 $n$ 个节点,即 $n$ 个监测站点;$E = \{e_{ij}\}$ 表示节点 $v_i$ 和节点 $v_j$ 之间的关联关系。

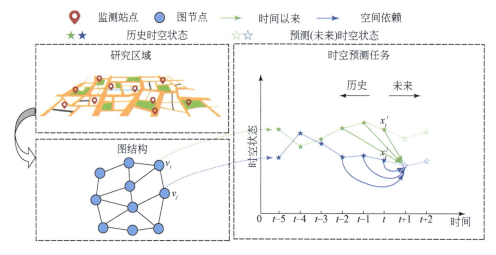

图 7-1　相关定义示意图

**定义 7.2(时空状态)**:时空状态 $x_t^i \in \mathcal{R}^{1 \times 1}$ 表示节点 $v_i$ 在时间窗口 $t$ 内监测到的数值,如单位时间内的交通流量或者空气质量(本章主要面向监测站点监测的单个时空参数)。图 $G$ 中所有节点和所有时间窗口的时空状态可表示为一个时空状态矩阵 $X \in \mathcal{R}^{n \times T}$,其中 $x^i = \{x_t^i\}_{t=1}^{T} \in \mathcal{R}^{T \times 1}$ 表示节点 $v_i$ 在所有时间窗口下的时间序列,$x_t = \{x_t^i\}_{i=1}^{n} \in \mathcal{R}^{n \times 1}$ 表示所有节点在时间窗口 $t$ 内的空间序列,$n$ 表示节点的个数,$T$ 表示所有时间窗口的个数。

如图 7-1 所示,本章的研究目标旨在建立一个函数模型 $\mathcal{F}(\cdot)$,该模型基于图结构 $G$ 和时空状态矩阵 $X$ 预测将来的时空数据。具体而言,本章的建模过程如式(7-1)所示。

$$\hat{x}_{t+1} = \mathcal{F}(X_{t-k+1}^t, G; W) = \mathcal{F}(\{x_{t-k+1}, x_{t-k+2}, \cdots, x_{t-2}, x_{t-1}, x_t\}, G; \Theta) \quad (7-1)$$

式中,$X_{t-k+1}^t = \{x_{t-k+1}, x_{t-k+2}, \cdots, x_{t-2}, x_{t-1}, x_t\} \in \mathcal{R}^{n \times k}$ 表示预测模型所需的历史数据,$k$ 表示时间依赖步长;$G$ 表示研究区域抽象为的图结构;$x_{t+1} \in \mathcal{R}^{n \times 1}$ 表示将来(预

测）的时空数据；$\mathcal{F}(\cdot)$ 表示本章提出的预测模型，即 STA-ODE 模型；$\Theta$ 表示模型中可学习的参数。

## 7.2.2　神经常微分方程

NODE 模型（Chen et al.，2018b）是一类连续时间域的时间序列预测模型，其针对单个监测站点监测的时间序列建模。具体而言，NODE 将单个监测站点每个时刻的观测值视为常微分方程的解，依据导数网络（DN）迭代的求解预测值。假设时间序列 $x^i = \{x_t^i\}_{t=1}^T \in \mathcal{R}^{T \times 1}$ 为节点 $v_i$ 在连续时间域 $x^i(t)$ 的离散采样，监测站点在特定时间下的预测值如公式（7-2）所示。

$$x^i(t) = x^i(0) + \int_0^t \frac{\mathrm{d}x^i(\tau)}{\mathrm{d}\tau}\mathrm{d}\tau = x^i(0) + \int_0^t g[x^i(\tau), \tau]\mathrm{d}\tau \qquad (7\text{-}2)$$

式中，$x^i(t) \in \mathcal{R}^{1 \times 1}$ 表示监测站点 $v_i$ 在 $t$ 时刻的预测值；$x^i(0)$ 表示 NODE 的初值，即监测站点 $v_i$ 在 0 时刻的监测值；$g[x^i(t), t] = \dfrac{\mathrm{d}x^i(t)}{\mathrm{d}t}$ 表示连续时间域中函数 $x^i(t)$ 沿时间 $t$ 的导数，其通过一个神经网络参数化，即导数网络。如图 7-2 所示，从模型可解释的角度来看，模型预测值 $x^i(t_2)$ 在模型初值 $x^i(t_1)$ 的基础上，依据导数网络 $g[x^i(t), t]$ 多次上坡和下坡获得。

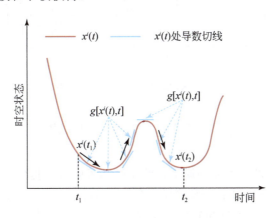

图 7-2　基于节点的预测模型示意图

# 7.3　模　型　框　架

如图 7-3 所示，STA-ODE 模型主要由两个模块组成：时空常微分方程（ST-ODE）模块，时空注意力（STA）模块。在 ST-ODE 模块中，将每个时刻的隐藏状态定义为常微分方程的解，依据定义的时空导数网络和门控机制迭代地求解每一个时刻的隐藏状态。在 STA 模块中，采用空间注意力和时间注意力去融合多个历史时刻的隐藏状态，从而捕捉时空数据中的长依赖关系。具体而言，将时空数据作为 ST-ODE 的输入，多次获取隐藏状态；然后，将多个隐藏状态作为 STA 模块的输入以获得最终输出。

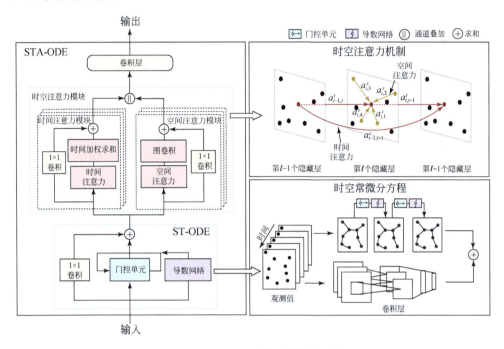

图 7-3　STA-ODE 模型总体框架图

## 7.4　STA-ODE 的构建

NODE 模型的兴起为兼顾模型预测精度和可解释性提供了一种新的解决方案，然而，现有基于 NODE 的预测模型存在两点不足。首先，存在的基于 NODE 模型的导数网络没有将空间位置信息显式地建模。其次，基于 NODE 模型难以发现时空数据中的长时间依赖关系。具体而言，存在的基于 NODE 的预测模型在提升模型可解释性的同时，牺牲了模型的预测精度。鉴于此，本章提出了一种新的兼顾模型预测精度和可解释性 STA-ODE 模型。

在 STA-ODE 模型中，受 RNN 和 NODE 建模思路的启发，本章为图中的每个节点定义一个隐藏状态（hidden state），并将每个时刻的隐藏状态视为常微分方程的解，从而可解释地迭代求解多个时刻的隐藏状态。在迭代过程中，本章定义了一个兼顾时间信息和空间信息的导数网络，用于提升隐藏状态的求解精度。当隐藏状态的求解完毕后，将时空注意力机制集成到 STA-ODE 模型中去融合多个隐藏状态，从而进一步捕捉时空数据中的长时间依赖关系。基于以上思想，STA-ODE 模型的前向传播可粗略地分为三个核心步骤：隐藏状态导数网络的定义、隐藏状态的迭代求解及多隐藏状态的融合。以时空状态矩阵 $X_{t-k+1}^t = \{x_{t-k+1}, x_{t-k+2}, \cdots, x_t\}$ 为例，STA-ODE 模型的前向传播过程可由式（7-3）定义。

$$\begin{cases} \mathcal{H} = \text{STODE}\left(\{x_{t-k+1}, x_{t-k+2}, \cdots, x_t\}, G, \text{DN}_{\text{ST}}; \Theta_{\text{STODE}}\right) \\ \{\hat{x}_{t+1}^{\mathcal{S}}, \hat{x}_{t+1}^{\mathcal{T}}\} = \text{STA}\left(\mathcal{H}, G; \Theta_{\text{STA}}\right) \\ \hat{x}_{t+1} = [\hat{x}_{t+1}^{\mathcal{S}} \,||\, \hat{x}_{t+1}^{\mathcal{T}}] W^o \end{cases} \quad (7\text{-}3)$$

式中，$x_{t-k+1}, x_{t-k+2}, \cdots, x_t \in \mathcal{R}^{n \times 1}$ 表示图节点在历史 $k$ 个时刻监测到的时空数据；$\text{DN}_{\text{ST}}$ 表示隐藏状态的时空导数网络；$G$ 表示研究区域抽象为的图结构；STODE 表示 ST-ODE 模块，用于求解 $k$ 个时刻的节点隐藏状态；$\mathcal{H} \in \mathcal{R}^{n \times d_h \times k}$ 表示经时空常微分方程求解得到的 $k$ 个隐藏状态，其中 $d_h$ 表示隐藏状态的维度；STA 表示时空注意力模块，用于融合 $k$ 个时刻的隐藏状态；$\hat{x}_{t+1}^{\mathcal{S}} \in \mathcal{R}^{n \times 1}$ 表示空间维度的融合结果；$\hat{x}_{t+1}^{\mathcal{T}} \in \mathcal{R}^{n \times 1}$ 表示时间维度的融合结果；$\hat{x}_{t+1} \in \mathcal{R}^{n \times 1}$ 表示模型的最终输出，即预测结果；$\Theta_{\text{STODE}}$ 表示 ST-ODE 模块中可学习的参数；$\Theta_{\text{STA}}$ 表示 STA 模块中可学习的参数；$W^o \in \mathcal{R}^{2 \times 1}$ 表示模型输出过程中可学习的参数。

## 7.4.1　隐藏状态导数的参数化

导数网络是 NODE 模型中核心组件之一，导数网络的定义直接影响到 NODE 模型的预测性能。然而，存在的基于 NODE 的预测模型的导数网络在时空预测任务中表现不佳。究其原因，基于 NODE 的预测模型本质上是一种时间序列模型，并没有考虑多监测站点的情形。图 7-4 展示了经典的基于 NODE 的模型性能不佳的原因。在研究区域中，图节点 $v_i$、$v_j$ 监测的数据曲线具有不同的走势。具体到 $t_3$ 时刻，根据曲线的走向，导数 $g(x^i(t_3), t_3)$ 应该小于 0，即 $v_i$ 监测的数据曲线 $x^i(t)$ 在 $t_3$ 呈现下降趋势；同理，导数 $g(x^j(t_3), t_3)$ 大于 0，即 $v_j$ 监测的数据曲线 $x^j(t)$ 在 $t_3$ 呈现上升趋势。然而，在经典的基于 NODE 的模型中，由于 $x^j(t_3)$ 等于 $x^i(t_3)$，导数网络的输出值 $g(x^i(t_3), t_3)$ 恒等于 $g(x^j(t_3), t_3)$。与事实不符的导数值会导致预测值难以迭代到实际的真值，从而产生较大的预测误差。鉴于此，本章定义了一个兼顾时间信息和空间信息的导数网络，即时空导数网络（STDN）。

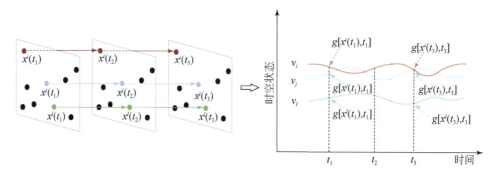

图 7-4　隐藏状态导数参数化示意图

相较于传统的导数网络，时空导数网络有两点不同。首先，将每个时刻的隐藏状态视为常微分方程的解，而非将每个时刻观测值视为常微分方程的解，从而提升 STA-ODE 模型的非线性拟合能力；其次，显式地将空间位置信息建模到导数网络中，使得 STA-ODE 模型可以用于多监测站点的时空预测任务，而非仅适用于单监测站点的时间序列预测任务。具体而言，时空导数网络数学定义如公式（7-4）所示。

$$\mathrm{DN}_{\mathrm{ST}} = g(H(t), t, \{i\}_{i=1}^{n}) \tag{7-4}$$

式中，$H(t) = \{h^i(t)\}_{i=1}^{n} \in \mathcal{R}^{n \times d_h}$ 表示 $n$ 个监测站点在时刻 $t$ 的隐藏状态，其中 $h^i(t) \in \mathcal{R}^{1 \times d_h}$ 表示第 $i$ 个监测站点在时刻 $t$ 的隐藏状态；$\{i\}_{i=1}^{n}$ 表示不同监测站点的空间位置信息，其在时空导数网络中进一步被编码。如图 7-4 所示，在时空导数网络中，由于 $i$ 和 $j$ 的编码不同，节点 $v_i$ 和 $v_j$ 在 $t_3$ 时刻的导数网络输出 $g(h^i(t_3), t_3, i)$ 和 $g(h^j(t_3), t_3, j)$ 也将更加接近真实的导数值，从而使得最终的预测值更加接近真值。

## 7.4.2　隐藏状态的迭代解

时空导数网络定义好之后，ST-ODE 模块理论上即可根据式（7-2）迭代地求解每一个时刻的隐藏状态。然而，式（7-2）是一个纯粹的迭代模型，迭代模型在优化过程中易造成梯度消失/爆炸现象，从而导致模型优化缓慢，甚至是无法优化。为了缓解优化过程中的梯度消失/爆炸现象，本章在 ST-ODE 模块中引入了门控机制和残差连接加快模型的优化效率，进而提升模型的预测精度。如图 7-5 所示，监测站点的观测值基于门控机制和时空导数网络求解每一个时刻下的隐藏状态。此外，由于监测站点的观测值与隐藏状态的维度不相同，本章采用一个 $1 \times 1$ 的卷积操作将两个维度对齐，从而完成观测值与隐藏状态的残差连接。以时空状态矩阵 $X_{t-k+1}^{t} = \{x_{t-k+1}, x_{t-k+2}, \cdots, x_t\}$ 为例，每个时刻隐藏状态的迭代求解过程如式（7-5）

所示，观测值与隐藏状态的残差连接如式（7-6）所示。

$$\begin{cases} Z_{t-1} = \sigma(W_z[H_{t-1} \| x_t]) \\ R_{t-1} = \sigma(W_r[H_{t-1} \| x_t]) \\ \ddot{H}_{t-1} = \tanh(W_h[R_{t-1} \odot H_{t-1} \| x_t]) \\ \tilde{H}_{t-1} = (1 - Z_{t-1}) \odot H_{t-1} + (Z_{t-1} \odot \ddot{H}_{t-1}) \\ H_t = \tilde{H}_{t-1} + \int_{t-1}^{t} g(H, \tau, \{i\}_{i=1}^n) \mathrm{d}\tau \end{cases} \quad (7\text{-}5)$$

$$\mathcal{H} = \left[ H_{t-k+1} \| .. \| H_t \right] + \varPhi_{W_{ic}} * X_{t-k+1}^t \quad (7\text{-}6)$$

式中，$\mathcal{H} \in \mathcal{R}^{n \times d_h \times k}$ 表示残差连接后的 $k$ 个时刻的隐藏状态；$H_t \in \mathcal{R}^{n \times d_h}$ 表示所有监测站点在 $t$ 时刻迭代求解的隐藏状态，$d_h$ 表示隐藏状态的维度；$x_t \in \mathcal{R}^{n \times 1}$ 表示所有监测站点在 $t$ 时刻的观测数据；$Z_{t-1}$、$R_{t-1}$、$\ddot{H}_{t-1}$、$\tilde{H}_{t-1}$ 表示迭代过程中的中间变量；$\sigma$ 表示 sigmoid 激活函数；tanh 表示 tanh 激活函数；$\odot$ 表示 hadamard 函数；$[\cdot \| \cdot]$ 表示 concatenate 函数；$g(H, \tau, \{i\}_{i=1}^n)$ 表示时空导数网络；$\varPhi_{W_{ic}} *$ 表示用于残差连接的卷积运算，$W_{ic} \in \mathcal{R}^{d_h \times k \times 1 \times 1}$ 表示卷积网络的卷积核；$W_z \in \mathcal{R}^{n \times (d_h+1)}$、$W_r \in \mathcal{R}^{n \times (d_h+1)}$、$W_h \in \mathcal{R}^{n \times (d_h+1)}$ 表示隐藏状态迭代求解过程中的权重。

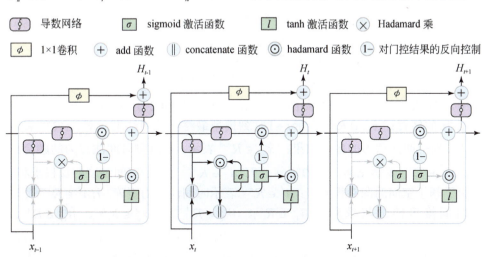

图 7-5　隐藏状态求解示意图

### 7.4.3　多个隐藏状态的融合

　　由 ST-ODE 模块求解隐藏状态之后（即 $\mathcal{H}$ ），本章尝试融合 $k$ 个时刻的隐藏状态去捕捉时空数据中的长期依赖关系。考虑到注意力机制是一种包含可解释性的结构，本章提出了时空注意力模块去融合 $k$ 个隐藏状态。时空注意力模块由多个空间注意力块和多个时间注意力块组成，其中空间注意力用于在空间维度融合 $k$ 个隐藏状态，时间注意力用于在时间维度融合 $k$ 个隐藏状态。为简单起见，图 7-6 展示了由单空间注意力块和单时间注意力块组成的时空注意力模块的运算流程。在时空注意力模块中，本章将残差连接集成到时空注意力模块去加快模型的优化效率。具体而言，图 7-6 的计算流程如式（7-7）～式（7-9）所示。

$$\hat{x}_{t+1} = [\hat{x}_{t+1}^S \, || \, \hat{x}_{t+1}^J] W_{\mathrm{o}} \tag{7-7}$$

$$\begin{cases} \hat{x}_{t+1}^S = \varPhi_{W_{\mathrm{o}}^S} * \tilde{\mathcal{H}}^S \\[2mm] \tilde{\mathcal{H}}^S = \varPhi_{W_{\mathrm{rc}}^S} * \mathcal{H} + \varPhi_{W_{\mathrm{c}}^S} * (\mathcal{H}^{\mathrm{T}} A^S)^{\mathrm{T}} \\[2mm] A_{ij}^S = \dfrac{\exp(\tilde{A}_{ij}^S)}{\displaystyle\sum_{j=1}^{n} \exp(\tilde{A}_{ij}^S)} \\[4mm] \tilde{A}^S = (\mathcal{H} W_{\mathrm{Q}}^S) W_{\mathrm{K}}^S (W_{\mathrm{V}}^S \mathcal{H})^{\mathrm{T}} \end{cases} \tag{7-8}$$

$$\begin{cases} \hat{x}_{t+1}^J = \varPhi_{W_{\mathrm{o}}^J} * \tilde{\mathcal{H}}^J \\[2mm] \tilde{\mathcal{H}}^J = \varPhi_{W_{\mathrm{rc}}^J} * \mathcal{H} + \varPhi_{W_{\mathrm{c}}^J} * \mathcal{H} A^J \\[2mm] A_{ij}^J = \dfrac{\exp(\tilde{A}_{ij}^J)}{\displaystyle\sum_{j=1}^{n} \exp(\tilde{A}_{ij}^J)} \\[4mm] \tilde{A}^J = (\mathcal{H}^{\mathrm{T}} W_{\mathrm{Q}}^J) W_{\mathrm{K}}^J (W_{\mathrm{V}}^J \mathcal{H}) \end{cases} \tag{7-9}$$

式中，$\mathcal{H} \in \mathcal{R}^{n \times d_{\mathrm{h}} \times k}$ 表示 $k$ 个时刻的隐藏状态，其通过 7.4.2 小节获得；$\mathcal{H}^{\mathrm{T}} \in \mathcal{R}^{k \times d_{\mathrm{h}} \times n}$ 表示 $\mathcal{H}$ 的转置；$\hat{x}_{t+1} \in \mathcal{R}^{n \times 1}$ 表示 $t+1$ 时刻模型最终的预测结果；$\hat{x}_{t+1}^S \in \mathcal{R}^{n \times 1}$ 表示 $t+1$ 时刻空间注意力的融合结果；$\hat{x}_{t+1}^J \in \mathcal{R}^{n \times 1}$ 表示 $t+1$ 时刻时间注意力的融合结果；$A^S \in \mathcal{R}^{n \times n}$ 表示空间注意力矩阵；$\mathcal{H}^{\mathrm{T}} A^S \in \mathcal{R}^{k \times d_{\mathrm{h}} \times n}$ 表示空间维度的加权求和，等价于基于空间的图卷积操作；$A^J \in \mathcal{R}^{k \times k}$ 表示时间注意力矩阵；$\mathcal{H} A^J \in \mathcal{R}^{n \times d_{\mathrm{h}} \times k}$ 表示时间维度的加权求和；$W_{\mathrm{Q}}^J \in \mathcal{R}^n$、$W_{\mathrm{K}}^J \in \mathcal{R}^{d_n \times n}$、$W_{\mathrm{V}}^J \in \mathcal{R}^{d_n}$、$W_{\mathrm{Q}}^S \in \mathcal{R}^k$、$W_{\mathrm{K}}^S \in \mathcal{R}^{d_n \times k}$、$W_{\mathrm{V}}^S \in \mathcal{R}^{d_n}$、$W_{\mathrm{o}} \in \mathcal{R}^{2 \times 1}$ 表示时空注意力中全连接层的可学习参数；$\varPhi_{W_{\mathrm{o}}^J} *$、$\varPhi_{W_{\mathrm{rc}}^J} *$、$\varPhi_{W_{\mathrm{c}}^J} *$、$\varPhi_{W_{\mathrm{o}}^S} *$、$\varPhi_{W_{\mathrm{rc}}^S} *$、$\varPhi_{W_{\mathrm{c}}^S} *$ 表示时空注意力中卷积操作；$W_{\mathrm{c}}^J \in \mathcal{R}^{n \times n \times 1 \times 1}$、$W_{\mathrm{o}}^J \in \mathcal{R}^{n \times n \times d_{\mathrm{h}} \times k}$、$W_{\mathrm{rc}}^J \in \mathcal{R}^{n \times n \times 1 \times 1}$、$W_{\mathrm{c}}^S \in \mathcal{R}^{n \times n \times 1 \times 1}$、$W_{\mathrm{o}}^S \in \mathcal{R}^{n \times n \times d_{\mathrm{h}} \times k}$、$W_{\mathrm{rc}}^S \in \mathcal{R}^{n \times n \times 1 \times 1}$ 表示时空注意力中卷积层的可学习的参数；$\tilde{\mathcal{H}}^S \in \mathcal{R}^{n \times d_{\mathrm{h}} \times k}$、$\tilde{\mathcal{H}}^J \in \mathcal{R}^{n \times d_{\mathrm{h}} \times k}$、$\tilde{A}^J \in \mathcal{R}^{n \times n}$、$\tilde{A}^S \in \mathcal{R}^{n \times n}$ 时空注意力中的中间变量；exp 表示指数函数。

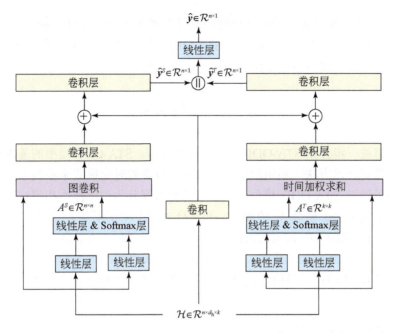

图 7-6　隐藏状态融合示意图

## 7.5　STA-ODE 的优化

　　在前向传播过程中，STA-ODE 模型通过前 $k$ 个时间窗口的时空数据 $X_{t-k+1}^t = \{x_{t-k+1}, x_{t-k+2}, \cdots, x_t\}$ 预测将来的时空数据 $\hat{x}_{t+1}$。理论上，由最小预测值 $\hat{x}_{t+1}$ 和观测真值 $x_{t+1}$ 之间的平方损失即可获得最终的预测模型 STA-ODE。然而，仅优化 $\hat{x}_{t+1}$ 和 $x_{t+1}$ 之间的平方损失忽略了时间维度和空间维度中融合结果的对齐问题。具体而言，当单个维度的融合（$\hat{x}_{t+1}^{\mathcal{T}}$ 或 $\hat{x}_{t+1}^{\mathcal{S}}$）结果与真实值偏差较大时，由于误差累计效性，最终的预测结果 $x_{t+1}$ 也将会有更大的概率偏离真实值。在实际场景中，无论是空间维度的融合结果 $\hat{x}_{t+1}^{\mathcal{S}}$ 还是时间维度的融合结果 $\hat{x}_{t+1}^{\mathcal{T}}$ 均描述了时空数据的内在特征，这使得每个维度的融合结果都应该与真实值尽可能相近。因此，本章将融合结果对齐问题集成到 STA-ODE 的优化过程中，其对应的损失函数如式（7-10）所示。

$$\mathcal{L}(\Theta) = \min_{\Theta}(\| \hat{x}_{t+1} - x_{t+1} \|_2^2 + \alpha \| \hat{x}_{t+1}^{\mathcal{T}} - x_{t+1} \|_2^2 + \beta \| \hat{x}_{t+1}^{\mathcal{S}} - x_{t+1} \|_2^2) \qquad (7\text{-}10)$$

式中，$x_{t+1}$ 表示第 $t+1$ 个时间窗口的时空状态真值（ground truth）；$\hat{x}_{t+1} \in \mathcal{R}^{n \times 1}$ 表示第 $t+1$ 个时间窗口的时空状态预测值；$\hat{x}_{t+1}^{\mathcal{T}} \in \mathcal{R}^{n \times 1}$ 表示第 $t+1$ 个时间窗口时间维度

的融合值；$\hat{x}_{t+1}^{\mathcal{S}} \in \mathcal{R}^{n \times 1}$ 表示第 $t+1$ 个时间窗口空间维度的融合值；$\|\cdot\|_2^2$ 表示一个函数，用于求解向量的 2 范数；$\Theta$ 表示 STA-ODE 模型中可学习的参数；$\alpha$ 和 $\beta$ 表示正则化项，分别惩罚两个维度融合结果与真值的偏差。

# 7.6 算法与训练

本节将进一步介绍 STA-ODE 模型的训练过程。STA-ODE 模型的基本原理是建立一种监督学习方法，利用历史时空数据中包含的时空模式来预测未来的时空数据。为了训练 STA-ODE 模型，本章将时空数据分为训练样本和测试样本，其中训练样本用于训练模型 $\mathcal{M}$ 的参数，测试样本用于测试模型 $\mathcal{M}$ 的预测性能。算法 7-1 给出了 STA-ODE 模型的训练过程。首先，基于时空状态矩阵（第 1～3 行）构建模型 $\mathcal{M}$ 的训练实例。其次，基于训练实例，得到两个维度的融合值和模型的预测值（第 6～10 行）。最后，通过优化误差损失得到 STA-ODE 模型，直到模型收敛（第 11 行）。

**算法 7-1　STA-ODE 的训练过程**

---

**Require**：时空状态矩阵：$\boldsymbol{X} = \{\boldsymbol{x}_t\}_{t=1}^T$

时间依赖步长：$k$

时间注意力机制块数量：$n_b^{ta}$

空间注意力机制块数量：$n_b^{sa}$

正则化系数：$\alpha$，$\beta$

**Ensure**：STA-ODE 模型：$\mathcal{M}$

*//construct training instances of STA-ODE*

1：$\mathcal{D} \leftarrow \varnothing$

2：**for** next $t \in [k, 2, ..., T]$ **do**

3：　　put a training instance $\langle \{\boldsymbol{x}_{t-k+1}, \boldsymbol{x}_{t-k+2}, ......, \boldsymbol{x}_t\}, \boldsymbol{x}_{t+1} \rangle$ into $\mathcal{D}$

*//train STA-ODE model*

4：initialize the parameters $\boldsymbol{W}$ of STA-ODE

5：**repeat**

6：　　randomly select a training instance $\mathcal{D}_b$ from $\mathcal{D}$

7：　　**for** next $t \in [1,2,...,k]$ **do**

8：　　　　solve hidden state $\boldsymbol{H}_t$ by Formula（7-5）

9：　　　　obtain hidden states $\mathcal{H}$ by $\{\boldsymbol{H}_t\}_{t=1}^k$ and Formula（7-6），$n_b^{ta}$ and $n_b^{sa}$

10：　　　obtain $\hat{\boldsymbol{x}}_{t+1}$，$\hat{\boldsymbol{x}}_{t+1}^{\mathcal{S}}$，$\hat{\boldsymbol{x}}_{t+1}^{T}$ by Formulas（7-7），（7-8），and（7-9）

11：　find **W** by minimizing the Formula（7-10）

12：**until** $\mathcal{M}$ converges

13：output the learned models $\mathcal{M}$

# 7.7　实验设计与模型验证

## 7.7.1　实验设计

### 1. 数据源

采用交通流量数据、$PM_{2.5}$ 监测数据和温度监测数据 3 个时空数据集对 STA-ODE 模型的性能进行了评价。表 7-1 显示了 3 个时空数据集的统计特征。交通量数据集来自中国武汉的 67 个监控摄像头（Wang et al.，2023）。图 7-7（a）显示了监控摄像机的空间分布。流量数据集的时间跨度为 2021 年 3 月 1～28 日，时间窗大小为 5min。每一个交通量数据都包含监控摄像头的唯一标识、监控摄像头的坐标、监控时间窗口以及时间窗口内的交通量。

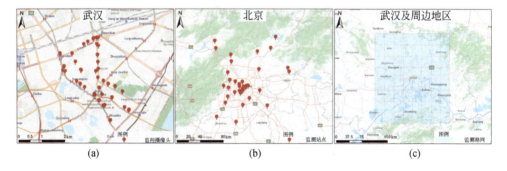

图 7-7　交通流、$PM_{2.5}$ 与温度数据的空间分布特征

（a）交通流数据的监控摄像头；（b）$PM_{2.5}$ 数据的监测站点；（c）温度数据的监测格网

$PM_{2.5}$ 监测数据集来自中国北京 36 个空气质量监测站（Zheng et al.，2015）。图 7-7（b）显示空气质量监测站的空间分布。$PM_{2.5}$ 监测数据集的时间跨度为 2014 年 5 月 1 日～8 月 31 日，时间窗大小为 60min。每一个 $PM_{2.5}$ 数据都包含监测站的唯一标识、监测站坐标、监测时间窗、时间窗内 $PM_{2.5}$ 空气含量。

温度监测数据集来自哥白尼气候数据库（Hersbach et al.，2018），记录内陆水域表面以上 2m 的气温（时间窗大小为 60min）。如图 7-7（c）所示，本章在武汉及其周边地区选择 64 个网格进行实验，网格分辨率为 0.25°×0.25°。每个温度数据包含网格标识、网格中心点坐标、监测时间窗口的平均温度。

**表 7-1　数据集描述**

| 数据集 | 交通流量 | PM$_{2.5}$ | 温度 |
|---|---|---|---|
| 位置 | 武汉 | 北京 | 武汉及其周边区域 |
| 时间窗口大小 | 5min | 60min | 60min |
| 空间对象数量 | 67 | 36 | 64 |
| 时间对象数量 | 8064 | 2952 | 2208 |
| 时间范围 | 2021 年 3 月 1~28 日 | 2014 年 5 月 1 日~8 月 31 日 | 2018 年 6 月 1 日~8 月 31 日 |

**2. 数据预处理**

为了支持本章工作的研究，本章对三个时空数据集进行了进一步的预处理，预处理过程如下：

（1）由于收集技术的限制和隐私问题，收集到的时空数据可能会自然缺失，影响后续模型的预测性能。因此，使用 BTTF 模型来推算自然缺失值（Chen and Sun，2021）。

（2）将人工处理的数据集分为训练样本和测试样本。按照 8∶2 准则，训练样本占 80%，测试样本占 20%。

**3. 评估准则**

在时空预测中，一个关键问题是如何评估预测模型的性能。在本章中，平均绝对误差（MAE）、均方根误差（RMSE）及平均绝对百分比误差（MAPE）作为定量指标来验证所提出模型的预测精度。各指标的计算方法如下：

$$\text{MAE} = \frac{1}{n}\sum_{i=1}^{n}\left|x_{T+1}^{i} - \hat{x}_{T+1}^{i}\right| \tag{7-11}$$

$$\text{RMSE} = \sqrt{\frac{1}{n}\sum_{i=1}^{n}\left(x_{T+1}^{i} - \hat{x}_{T+1}^{i}\right)^{2}} \tag{7-12}$$

$$\text{MAPE} = \frac{100\%}{n}\sum_{i=1}^{n}\left|\frac{x_{T+1}^{i} - \hat{x}_{T+1}^{i}}{x_{T+1}^{i}}\right| \tag{7-13}$$

式中，$x_{T+1}^{i}$ 表示监测节点 $v_i$ 在 $T+1$ 时间窗口内的真实时空状态；$\hat{x}_{T+1}^{i}$ 表示监测节点 $v_i$ 在 $T+1$ 时间窗口内预测的时空状态；$n$ 表示研究区域中监测站点的总个数。

**4. 实验设置**

在本研究中，时空数据在 PC 上处理（CPU：Intel（R）Xeon（R）E-2224G @

3.50GHz，内存：16.0GB）。此外，在具有 24GB GPU 内存的图形处理单元平台上基于 PyTorch 和 Python3.7 构建了模型。

STA-ODE 模型的超参数主要包括时间相关步长 $k$、隐藏状态维数 $d_h$、TA 块数 $n_b^{ta}$、SA 块数 $n_b^{sa}$、正则化系数 $\alpha$ 和正则化系数 $\beta$。在模型训练过程中，采用控制变量法获得超参数的最优组合。表 7-2 给出了 3 个时空数据集的超参数取值范围和最优值。

表 7-2    STA-ODE 模型在三个数据集的参数设置

| 超参数 | 范围 | 最优值 |
| --- | --- | --- |
| 时间依赖步长（$k$） | [1, 2, 3, $\cdots$, 10] | 10/6/4 |
| 隐藏状态维度（$d_h$） | [64, 128, 192, 256] | 128/192/128 |
| TA 块数量（$n_b^{ta}$） | [1, 2, 3, 4] | 3/2/1 |
| SA 块数量（$n_b^{sa}$） | [1, 2, 3, 4] | 3/2/1 |
| 正则化系数（$\alpha$） | [1, 2, 3, 4, 5, 6] | 5/4/3 |
| 正则化系数（$\beta$） | [1, 2, 3, 4, 5, 6] | 3/2/3 |

## 7.7.2    基准模型对比

由于知识驱动模型在时空预测任务上的预测性能往往低于数据驱动模型的预测性能，本章主要将 STA-ODE 模型与流行的数据驱动方法进行了对比。本章采用的基线方法大致可以分为两类。第 1 类为纯黑盒的数据驱动模型，包括 T-GCN（Zhao et al.，2020）、BiSTGN（Wang et al.，2022b）、ASTGCN（Guo et al.，2019b）和 DSTAGNN 模型（Lan et al.，2022）。第 2 类为基于 NODE 的数据驱动模型，包括 Latent-ODEs（Chen et al.，2018b）、ODE-RNNs（Rubanova et al.，2019）和 STGODE（Fang et al.，2021a）模型。

表 7-3 展示了 STA-ODE 模型和基准方法在 3 种数据集中的对比结果。结果表明，第一类模型的预测精度在近年来获得了较大的提升，其中 DSTAGNN 模型获得了最优的预测性能。相较于第 1 类预测模型，第 2 类模型的预测精度在近年来的提升较小。其中，STGODE 模型的预测精度略高于 ODE-RNNs 模型的预测精度，ODE-RNNs 模型的预测精度略高于 Latent-ODEs 的预测精度。整体而言，第 2 类模型的预测精度依然略低于第 1 类模型的预测精度。上述结果产生的原因主要是基于 NODE 的预测模型提升模型可解释性的同时，牺牲了模型的预测精度。具体而言，基于 NODE 的预测模型的导数网络多数仅依赖于时间因素，并没有将空间

位置信息显式地建模到导数网络的输出中。其次，基于 NODE 的预测模型依赖于
ODE 的初值，难以发现时空数据中的长时间依赖关系。相较于基准实验，STA-ODE
模型解决了上述两点的不足，在兼顾模型可解释的同时，获得了最优的预测结果。
此外，预测模型在 3 种数据集中的预测精度也存在差异，例如，模型在气温数据集
上的预测精度高于模型在交通流数据集和 $PM_{2.5}$ 数据集上的预测精度，主要原因是
气温监测值在空间和时间相对比较平稳，使得预测模型更容易预测气温的走势。

表 7-3　STA-ODE 和基线模型在 MAE/RMSE/MAPE 的预测精度比较结果

| 模型 | 交通流量 | $PM_{2.5}$ | 温度 |
| --- | --- | --- | --- |
| T-GCN | 5.36/9.06/35.54% | 10.89/15.65/31.56% | 0.88/1.20/3.16% |
| BiSTGN | 4.42/7.36/26.31% | 9.35/14.28/26.78% | 0.62/0.99/2.19% |
| ASTGCN | 4.03/6.52/24.87% | 7.90/12.07/22.09% | 0.58/0.89/2.09% |
| DSTAGNN | 3.97/6.40/22.95% | 7.78/12.04/22.27% | 0.59/0.84/2.08% |
| Latent-ODEs | 4.17/6.69/25.83% | 8.25/13.05/24.19% | 0.69/1.04/2.44% |
| ODE-RNNs | 4.16/6.65/25.02% | 8.11/12.88/23.01% | 0.65/1.01/2.27% |
| STGODE | 4.10/6.87/25.28% | 8.08/12.52/22.46% | 0.62/0.95/2.19% |
| STA-ODE | 3.89/6.29/22.47% | 7.61/11.63/21.34% | 0.56/0.82/2.00% |

## 7.7.3　预测结果的定性分析

在本小节，折线图和地图用于定性地描述 STA-ODE 模型的预测性能。图 7-8
从时间维度描述了预测值和真值之间的差异。结果表明，在 3 种数据集中，大多
数时刻观测真值与模型预测值的残差较小，少量时刻观测真值与模型预测值的残
差较大（蓝色区域）。STA-ODE 模型之所以在蓝色区域内的残差较大，主要原因
是时空观测值的走势在短时间内发生了突变。例如，在交通数据集中，残差较大
的区域主要集中在上下班高峰期。上下班高峰期突然暴涨的交通流量具有较大的
预测难度，这也恰好符合常识。

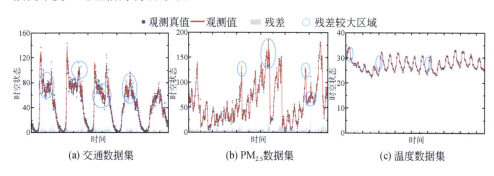

(a) 交通数据集　　　　(b) $PM_{2.5}$数据集　　　　(c) 温度数据集

图 7-8　时间维度的预测误差

图 7-9 进一步从空间维度描述了预测值和真值之间的差异。与时间维度的残差类似，在 3 种数据集中，大多数监测站点观测真值与模型预测值的残差较小，少量监测站点观测真值与模型预测值的残差较大（蓝色区域）。例如，在交通数据集中，残差较大的区域主要集中在主干道，因为主干道的交通流量波动较大，模型的预测难度较大。在 PM$_{2.5}$ 数据集中，残差较大的区域主要集中在东南区域，主要原因是北京东南区域包含大量的城市道路，城市道路上汽车将会排放大量的 PM$_{2.5}$，从而导致空气中的 PM$_{2.5}$ 波动较大，使得模型的预测难度变大。此外，计算了观测值方差与预测精度之间的相关系数。结果表明，在交通流量数据集和 PM$_{2.5}$ 数据集上，观测值方差与预测精度呈现明显的正相关，这进一步佐证了部分监测站点误差大的原因。与交通流量数据集和 PM$_{2.5}$ 数据集相比，气温数据集在不同位置的残差较小。所以，观测值方差与预测精度没有呈现明显的相关性。

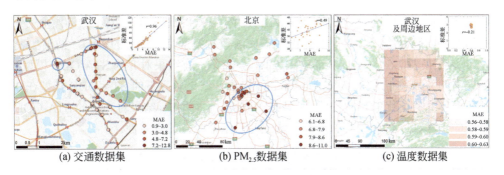

(a) 交通数据集　　　　　(b) PM$_{2.5}$数据集　　　　　(c) 温度数据集

图 7-9　空间维度的预测误差

总体来说，STA-ODE 模型在时间维度上和空间维度上具有较优的预测精度，并准确地预测了时空数据的走势，这进一步证明了 STA-ODE 模型的具备很好的预测性能。

### 7.7.4　不同组件对预测结果的影响作用

本小节分析不同组件对预测结果的影响。ST-ODE/TA 表示仅用时间注意力融合多隐藏状态，ST-ODE/SA 表示仅用空间注意力融合多隐藏状态。不同组件对预测结果的影响如表 7-4 所示，结果表明，ST-ODE 的预测性能优于经典 NODE 模型的预测性能，这表示引入时空导数有利于提升模型的预测结果。其次，ST-ODE/TA 和 ST-ODE/SA 的预测性能优于 ST-ODE 的预测性能，这表示引入时间注意力和空间注意力有利于捕捉时空数据中的长时间依赖关系。此外，相较于 ST-ODE/TA 和 ST-ODE/SA 的预测结果，STA-ODE 模型的预测结果进一步得到提升。结果表明，集成时间注意力和空间注意力的时空注意力模块具有更优捕捉长时间依赖关系的能力，进一步证明了模型引入时空注意力模块的合理性。

表 7-4 不同组件对预测结果 MAE/RMSE/MAPE 的影响作用

| 模型 | 交通流量 | PM$_{2.5}$ | 温度 |
|---|---|---|---|
| NODE | 4.23/7.12/26.27% | 8.39/13.07/24.93% | 0.73/0.95/2.61% |
| ST-ODE | 4.08/6.73/25.72% | 8.02/12.29/23.32% | 0.62/0.91/2.20% |
| ST-ODE/TA | 3.95/6.39/23.68% | 7.76/12.02/22.47% | 0.58/0.87/2.06% |
| ST-ODE/SA | 3.99/6.51/23.73% | 7.92/12.36/22.60% | 0.60/0.89/2.12% |
| STA-ODE | 3.89/6.29/22.47% | 7.61/11.63/21.34% | 0.56/0.82/2.00% |

## 7.7.5 损失函数对预测结果的影响作用

在优化过程中，设计了一个损失函数用于解决时间维度和空间维度中融合结果的对齐问题。因此，本小节分析了损失函数对模型预测性能的影响，结果如表 7-5 所示。在表 7-5 中，STA-ODE-NoAligned 表示没有结果对齐的 STA-ODE 模型。结果表明，相较于 STA-ODE-NoAligned 模型，结果对齐下的 STA-ODE 模型在 3 种数据集具有更优的预测性能。尤其是在 PM$_{2.5}$ 数据集中，结果对齐下的 STA-ODE 模型的预测精度具有较大的提升，这证明了结果对齐的有效性。

表 7-5 损失函数对预测结果 MAE/RMSE/MAPE 的影响作用

| 数据集 | STA-ODE-NoAligned | STA-ODE |
|---|---|---|
| 交通流量 | 3.97/6.41/23.99% | 3.89/6.29/22.47% |
| PM$_{2.5}$ | 7.86/12.16/22.44% | 7.61/11.63/21.34% |
| 温度 | 0.60/0.90/2.09% | 0.56/0.82/2.00% |

## 7.7.6 模型可解释性分析

STA-ODE 被认为是一个兼顾可解释性和预测精度的模型，因此，在本小节，本章尝试解释 STA-ODE 模型性能优越的原因。从两个方面解释 STA-ODE 模型，其一是解释时空 ODE 模块学习到的导数值，其二是解释时空注意力模块学习到时空关系。

考虑到隐藏状态导数值难以理解，本章将每个时刻观测值视为常微分方程的解，单独训练了一个时空预测模型，进而可视化了观测值的导数值（图 7-10）。依据可视化的导数值，可以进一步推断时空状态在一天的走势。具体而言，当导数值大于 0 时，时空状态呈现增长的趋势；当导数值小于 0 时，时空状态呈现下降的趋势;当导数值等于 0 时,时空状态趋于稳定。以交通数据集为例,依据导数值,本章尝试解释城市一天内的交通变化。凌晨 0 点至 7 点的导数值在 0 处波动,意味着凌晨 0 点至 7 点的交通状态变化浮动不大。在上午 7~9 点,交通状态的导数值大于 0,意味着在 9 点左右,交通流量持续增长进而达到交通流量的最大值。在 9~10 点,城市交通流量将快速减少,从而达到一个平衡阶段。同理,在 $PM_{2.5}$ 数据集中,9~14 点和 17~19 点是 $PM_{2.5}$ 上升的主要时间段。在气温数据中,7 点至 14 点是气温上升的主要时间段。上述结果恰好符合常识,从而证明了 ST-ODE 模块具备一定的可解释性。

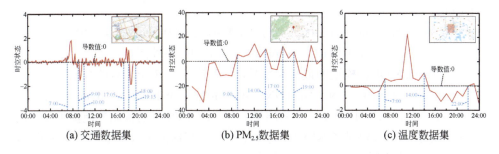

图 7-10　ST-ODE 学习的导数值

除了 ST-ODE 模块以外,时空注意力模块也是一个可解释的数据结构。以时间注意力为例,图 7-11 解释了时空注意力模块中学习到的时间相关性。在时间注意力中,模型将学习历史观测值对将来预测值的影响权重,进而预测将来时刻的时空状态。例如,在交通数据集中,$t_1$ 时刻的预测值受到历史 5 个时刻的影响,$t_2$ 时刻的预测值受到历史 3 个时刻的影响。同理,在 $PM_{2.5}$ 数据集中,$t_1$ 时刻的预测值受到历史 3 个时刻的影响,$t_2$ 时刻的预测值受到历史 4 个时刻的影响。在气温数据集中,$t_1$ 时刻的预测值受到历史 3 个时刻的影响,$t_2$ 时刻的预测值受到历史 1

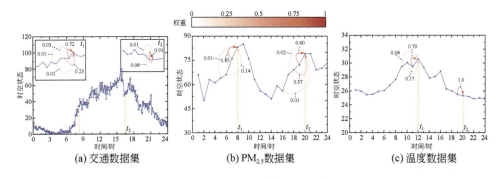

图 7-11　时间注意力机制学习的权重值

个时刻的影响。结果表明，历史时刻距离目标时刻越近，对预测值的影响权重越大，证明时空注意力模块具备一定的可解释性。

# 7.8 本 章 小 结

可解释的时空预测是地理时空大数据挖掘的基础研究命题。然而，存在的大多数时空预测模型难以兼顾预测精度及可解释之间的均衡。鉴于此，本章提出了一种新颖的兼顾预测精度及可解释的时空注意力神经常微分方程模型（STA-ODE）。

在实验部分，本章使用 3 种真实的时空数据集（交通流数据集、PM$_{2.5}$ 监测数据集、气温监测数据集）验证了 STA-ODE 模型的预测性能。首先，控制变量法被用于获得 STA-ODE 模型的最优参数组合。其次，与 7 个现有的数据驱动基线进行了比较，包括 T-GCN、BiSTGN、ASTGCN、DSTAGNN、Latent-ODEs、ODE-RNNs 和 STGODE 模型。实验结果表明，STA-ODE 的预测性能优于现有的 7 种基准算法。然后，测试了 STA-ODE 中不同分量和损失函数对预测精度的影响，证明了所提方法适用于时空预测。最后，本章从可视化的角度解释了 STA-ODE 模型预测性能优越的原因。

本研究尚有如下的局限性：①STA-ODE 模型基于 ODE 完成时空预测任务，基于 ODE 前向迭代和反向传播是一个十分耗时的过程，进而导致 STA-ODE 模型的训练更加困难；②本章仅验证了 STA-ODE 模型的单步预测性能，并未验证 STA-ODE 模型多步预测能力。针对上述问题，下一步工作重点将从两方面展开。首先，进一步优化 STA-ODE 模型的前向迭代和反向传播的迭代过程，提升 STA-ODE 模型的训练效率。其次，进一步验证 STA-ODE 模型多步预测能力。

# 第8章 总结与展望

## 8.1 主要研究成果

地理时空数据的爆炸性增长对时空知识发现提出了迫切的需求，推动了时空数据挖掘技术的不断普及和发展。然而，由于地理时空数据的不断积累与分析尺度的不断细化之间存在永恒矛盾，时空数据缺失与稀疏分布依然是当前地理空间大数据挖掘面临的普遍问题。此外，时空数据具有空间异质性和时间非平稳性的本质特征，给传统的统计和机器学习方法带来了巨大挑战。本书从时空统计基础理论出发，综合利用时空统计与机器学习方法，针对异质稀疏分布的时空数据表达与应用过程中面临的系列瓶颈问题开展研究，提出了新的解决方案，并通过多个应用场景开展了全面验证。主要研究成果如下。

### 1. 时空缺失数据的渐进式插值方法

针对现有时空插值方法无法全面考虑时空数据的缺失模式、时空异质性、样本选择和时空关系的问题，提出了一种渐进式的时空缺失数据插值方法（ST-2SMR）。该方法考虑了时空缺失数据的缺失模式，引入粗粒度和细粒度插值结合的策略，可以在保证时空数据插值精度的前提下，得到完全修复的插值结果。在时间和空间维度实现细粒度插值，以表达时空异质性对插值过程的约束，得到最优的无偏估计值。在时空插值计算过程中，引入合适的滑动窗口，降低了插值计算的复杂度，使得插值样本的选择更加合理。利用神经网络模型挖掘时空插值结果之间的非线性关系，模拟空间异质性和时间非平稳性的耦合过程。在缺失空气质量数据插值的实例中，ST-2SMR 方法获得了比现有的 ST-Kriging、PBSHADE、ST-HC 方法更高的插值精度，并且可以保证完全修复缺失数据。通过在现有插值方法上尝试本研究提出的策略，进一步证明了本研究提出的粗粒度插值策略和动态滑动窗口算法可以有效提高现有插值模型的精度，并且粗粒度插值策略对插值精度的影响更大。

### 2. 顾及空间异质性的集成空间推断方法

针对现有集成学习方法在设计集成策略时忽略空间异质性的问题，本章提出了顾及空间异质性的集成空间推断方法（GSH-EL）。该方法从不同地理关系表达的视角出发，充分考虑地理要素的局部空间相关性、全局特征相关性和非线性关系，设计并实现了地理加权回归模型、地理最优相似度模型与随机森林模型3种基学习器。此外，本章还提出了具有自适应学习能力的地理空间加权神经网络模型，实现了集成策略中空间异质性的精确表达。该模型借助神经网络高度抽象的表达能力和高维动态的学习能力，建立了空间邻近性与集成权重的复杂非线性关系，从而可以根据空间模式自适应集成基学习器。最后，本章设计并实现了顾及地理空间异质性的集成学习框架，将3种基学习器的预测结果嵌入地理空间加权集成神经网络模型进行集成训练，得到更加准确的预测结果。综合利用多个真实的城市和区域地理空间大数据对提出的方法进行全面的评估，包括在中国 $PM_{2.5}$ 空气质量数据集上开展连续型变量的回归预测任务，在中国香港滑坡数据集上开展离散型变量的二分类预测任务。实验结果表明，本章提出的 GSH-EL 方法取得了比当前主流的集成学习策略更加准确的预测结果，验证了提出方法的有效性和适用性。

### 3. 轻量级稀疏时空数据重构方法

针对现有时空数据稀疏重构方法无法保证模型重构精度和易用性之间均衡的问题，构建了一个轻量级的集成时空重构方法（ST-ISE）。该方法将平均相关系数引入简单的指数平滑模型中来自动选择时间窗口，确保样本数据和缺失数据具有最强的相关性，提高了时间依赖性的表达能力；将相关距离引入反向距离加权模型中来对每个空间邻居分配权重，充分反映时空模式的变化，提高了空间依赖性的表达能力；引入极限学习机捕获了时空关系的非线性交互。采用多个不同区域的浮动车速度数据集对 ST-ISE 模型进行了评估。结果表明，时间依赖性和时空非线性交互的度量对稀疏重构精度提升具有很大贡献。与现有重构方法相比较，本章所提出的 ST-ISE 方法在道路网状数据稀疏分布问题上获得了更高的重构精度，并且在极端交通状况下保持了重构精度的鲁棒性。

### 4. 顾及时空异质性的动态预测模型

针对现有时空预测模型采用全局时空静态结构，在整个时空范围采用统一的时间区间剖分方式，导致空间异质性和时间平稳性无法统一表达的问题，提出了动态时空最近邻模型（D-STKNN）。该模型利用 AP 聚类来自动识别研究区域的时空模式，利用 WKM 算法针对不同的时空模式自动剖分时间区间，以刻画具有不同时空模式的空间对象的时间非平稳性特征。在此基础上，构建了自适应的空间邻居、时间窗口、时空的权重和时空参数来刻画空间异质性。利用北京道路网络和加利福尼亚州高速公路获取的行车速度数据集,以短时交通速度预测作为任务,对 D-STKNN 模型进行了全面评估。结果表明,本章所提出的 D-STKNN 模型在整体、不同交通模式、不同时间区间下的预测性能均优于现有的模型,证明在短时交通预测建模中同步考虑空间异质性和时间非平稳性的重要性。

### 5. 基于多任务多视图的时空预测模型

针对现有时空预测模型只考虑时空邻近性,而忽略时空周期性和趋势性,并且单任务学习过程无法刻画地理过程的全局时空相关性的问题,提出了基于多任务多视图的时空预测模型(stRegMTMV)。该模型从多视图的视角出发,针对每个空间对象构建时空邻近视图、周期视图和趋势视图,全面刻画不同时段的历史时空状态对当前时空状态的影响,实现时空异质性的统一表达。以不同视图预测结果的高层语义特征映射作为输入特征,构建多任务多视图学习模型,实现单一任务的联立训练过程,解决时空异质性和全局时空相关性的协同和耦合问题。利用北京浮动车速度数据集对该框架进行了评估。结果表明,基于该模型的短时交通预测精度优于现有的 9 种时空预测模型,凸显了实现全局时空相关性和时空异质性统一表达的重要性。通过测试不同视图对预测模型的作用机制,证明时空邻近视图在时空预测中占据主导地位。所提出的基于多任务多视图特征学习的时空建模框架可作为通用的地理时空建模框架应用于水质、人群流动、交通预测等主题,对于地理时空数据挖掘和知识发现意义重大。

### 6. 可解释的时空注意力神经常微分方程预测模型

针对现有时空预测模型难以兼顾预测精度及可解释之间均衡的问题,本章提出了可解释的时空注意力神经常微分方程预测模型(STA-ODE)。该模型将每个时刻的隐藏状态定义为常微分方程的解,依据定义的时空导数网络和门控机制迭代地求解每一个时刻的隐藏状态。在迭代过程中,定义了一个兼顾时间信息和空间信息的导数网络用于提升隐藏状态的求解精度。在此基础上,采用空间注意力和时间注意力去融合多个历史时刻的隐藏状态,从而捕捉时空数据中的长依赖关系。使用三种真实的时空数据集(交通流数据集、$PM_{2.5}$ 监测数据集、气温监测数据集)对 STA-ODE 模型进行全面的评估。实验结果表明,STA-ODE 模型的预测精度优于 7 种现有的基线方法,并且在时间和空间维度上均具有较优的预测精度。通过可视化时空 ODE 模块学习到的导数值以及时空注意力模块学习到的时空关系,证明 STA-ODE 具备一定的可解释性。

# 8.2 主要创新点

时空数据的异质性与稀疏分布特征制约了数据挖掘算法的实现，显著影响了时空数据刻画与分析能力。本研究针对异质稀疏分布的时空数据表达与应用过程中面临的系列瓶颈问题开展研究，创新时空统计和机器学习的融合方法，提出了时空动态插值、重构及预测等多种模型，解决了异质稀疏分布陆表系统要素时空数据精细表达、推断与预测问题，这对地理时空数据分析与建模具有实质性贡献，主要创新点和学术价值如下：

（1）提出了渐进式的缺失时空数据插值方法，消除了数据连续缺失对整体插值结果的影响，解决了已有时空插值方法难以全面考虑时空数据的缺失模式、时空异质性、样本选择和时空非线性关系的问题，大幅度提升了地理时空分析所需时空数据的粒度与完备性，降低了地理时空分析对输入数据的质量约束。

（2）提出了顾及空间异质性的集成空间推断方法，借助神经网络高度抽象的表达能力和高维动态的学习能力精确解算权重核函数，充分挖掘空间邻近性与模型集成权重的复杂非线性关系，解决了集成学习中空间异质性的精细表达问题，丰富了空间数据挖掘领域的方法体系，促进了集成学习在地学领域的应用。

（3）提出了轻量级稀疏时空数据重构方法，通过集成多个轻量级模型保证模型架构的轻量化，提高易用性；合理量化时空依赖性提高模型的稀疏重构精度，解决了现有时空数据稀疏重构方法无法保证模型重构精度和易用性之间均衡的问题，提高了地理时空分析模型的易用性、鲁棒性和泛化能力。

（4）提出了顾及时空异质性的动态预测模型，通过时序分布特征聚类，刻画地理过程的时间非平稳性；对不同的空间对象构建自适应的预测模型，刻画数据的空间异质性，解决了机器学习模型中空间异质性和时间非平稳性统一表达的瓶颈，拓展了机器学习模型的适用性，提升了时空数据建模准度与应用能力。

（5）提出了基于多任务多视图的时空预测模型，建立了单一空间对象多视图模型联立训练过程，解决了全局时空相关性和时空异质性之间的矛盾，促进了对自然与人文要素时空分异规律及其相互作用关系的理解。

（6）提出了可解释的时空注意力神经常微分方程预测模型，设计了兼顾时间信息和空间信息的时空导数网络，解决了时空预测模型难以兼顾模型预测精度及可解释的难题，提升了预测模型在连续时间域中的预测能力，推动了可解释连续时空预测模型的理论发展。

综上所述，本研究围绕时空缺失数据插值和稀疏数据重构、时空异质分布要素动态预测和建模这一地理信息科学领域核心命题开展了系统研究，取得了突出

的创新性研究成果。研究成果大幅度提升了地理时空分析所需时空数据的粒度与
完备性，降低了地理时空分析对输入数据的质量约束，提高了地理时空分析模型
的易用性、鲁棒性、可解释性和泛化能力。所取得的研究成果促进了对自然与人
文要素时空分异规律及其相互作用关系的理解，对智慧城市建设、环境监测、交
通管理与出行服务等行业具有重要的参考价值。

# 8.3　研究展望

　　本研究针对现有时空数据表达与应用中面临的系列瓶颈问题，提出了新的解
决思路，丰富了时空数据挖掘领域的方法体系，但仍然有很多问题值得进一步深
入探讨。

　　（1）空间异质性包括空间局域异质性和空间分层异质性。空间局域异质性指
某个空间位置的属性值与周围存在差异。空间分层异质性指层内方差小于层间方
差的现象，表现为分类或者分区（王劲峰等，2010；王劲峰和徐成东，2017）。本
书主要强调前者，如在构建时空缺失数据的渐进式插值方法时，利用期望比来刻
画不同位置属性值的差异；在构建时空异质性的动态预测模型时，检验了不同位
置的空间邻居、时间窗口、时空参数的异质性。事实上，空间分层异质性可以和
现有的机器学习模型进行有机的融合。例如，利用 $q$ 统计量对研究区域进行分层，
以得到一组均质的子区域，相同层内的空间对象共享相同的参数；然后针对不同
层构建单独的机器学习模型，在层内对时空相关性进行表达，实现插值或者预测
任务。这可以作为一种通用的时空预测的建模框架，应用在多个时空分析应用领
域。此外，空间异质性还可表现为空间各向异性，如在道路网络中，道路之间空
间相关性的方向受到网络拓扑结构的约束。如何在时空预测模型中表达各向异性
的空间依赖性，是值得进一步研究的问题。

　　（2）除了时空自相关和时空异质性，时空数据还具有时空尺度依赖特性（邓
敏等，2015；Ge et al.，2019）。时空尺度是地理学的基本概念，地理现象的分布、
格局和模式都是在特定的尺度下出现的，在不同的观测尺度会呈现出不同的特征，
而不同时空尺度的对象之间又存在依赖性（裴韬等，2019）。因此，在时空数据挖
掘过程中，尺度效应是不可忽视的关键因素。如何实现地理空间尺度的耦合，是
理解复杂地理过程的关键环节（宋长青等，2020）。本书提出的时空多任务多视图
学习框架，可提供一个探索性的解决方案。不同尺度可看作是从不同的层面对空
间对象进行描述；将每个空间对象的每个尺度的挖掘过程当作单一的任务，建立
单一空间对象的多视图模型联立训练过程，挖掘多个任务之间的相关性以及多个
尺度之间的一致性，可实现多尺度信息的深度耦合。

（3）提升模型的可解释性一直是地理空间相关领域的研究目标（高松，2020）。现有的集成插值方法主要侧重于插值精度的提升，而忽略了集成模型的可解释性。特别是在地理时空大数据涌现的背景下，研究趋向于采用基于数据驱动的神经网络模型来集成多个基学习器的插值结果，在插值精度方面获得了很大的提升（Cheng and Lu，2017；Cheng et al.，2020a）。然而，神经网络模型的黑箱过程使得集成模型的可解释性进一步降低。由于不同基学习器具有不同的优缺点，通常对最终的插值结果产生不同的影响，这种差异性的作用机制来自基学习器捕获到了地理现象特有的时空依赖关系，并且会随着地理过程或模式的变化而变化。现有的研究在集成策略的设计中并未解释不同地理空间变化过程如何影响基学习器的集成，以及无法阐明这种影响的规则。因此，探讨空间异质性和时间非平稳性对基学习器集成过程的作用机制，对提升目前集成插值模型的可解释性，尤其是对地理时空过程的理解、保证时空模型构建的稳健性以及时空模式挖掘的合理性意义重大，是亟待解决的重要科学问题。

（4）尽管当前基于数据驱动的时空建模方法在各自研究区的验证数据中取得了优异的性能，但对于实际应用中的未知样本，如未来时刻的预测变量，大多数方法的输出结果为特定值，可信程度存疑。为了提高模型的可信度，度量时空建模方法结果的不确定性旨在评估模型对未知事件或现象推断的置信度和可靠性，在实际应用具有重要意义（Jin et al.，2023；Wen et al.，2023）。不确定性度量方法近年来在图像识别和图表示学习等领域中得到了广泛的应用，对于时空数据模型而言，需要同时考虑空间和时间特征的模型标定方法，比以往的相关工作更具挑战性。

（5）由于单一环境下数据选择偏差、存在其他混淆因素等，在大多数现实场景中，训练数据的分布与测试数据分布通常表现出不一致性，即分布偏移。当前深度学习模型依赖其强大的函数逼近能力，仅关注输入特征和目标之间的统计关联，忽略了该相关性在总体数据中存在的真伪，常常利用训练集数据中存在的虚假关联来获得较高的训练表现，导致在不同分布的测试集上泛化性能欠佳。例如，时空数据由于时间动态性而在不同时间段表现出不同的分布，当前模型外部环境变量的整合方式会引入大量混杂因素，在训练数据中提取虚假的相关性，导致模型泛化性能下降。分布外泛化旨在让模型从一个或多个来自具有不同分布的环境或域的数据集中学习到具有稳定预测能力的关系，使得模型能够泛化到来自不同于训练分布之外的分布中。作为分布外泛化的重要方法之一，因果学习假定给定的一系列具有统计关联的特征是由因果不变特征和虚假关联特征组成，进而从大量特征中挖掘特征-目标不变关联的因果特征，从而剔除虚假的关联，最终目实现分布外数据的泛化预测（Ji et al.，2023；Xia et al.，2024）。如何将因果学习嵌入时空预测方法，利用有限的历史数据以及时空上下文信息，构建一个能够克服训练数据和测试数据分布的不一致性，进而在任何环境下都具备良好泛化性的模型是当下时空预测领域的前沿问题。

（6）尽管现有人工智能模型能够在特定研究区取得良好性能，但缺乏特定研究领域的物理知识约束，导致这些模型泛化性能受限，影响在稀疏数据场景中的有效性。将物理知识约束融入数据驱动方法中，可以帮助模型更好地理解数据背后的物理机制，提高预测的准确性和可解释性。例如，使用大气动力学常微分方程或偏微分方程模拟污染物扩散、平流和沉积机理（Li et al.，2023），基于交通流动力学原理与势能场的网格化的城市交通流预测（Wang et al.，2022a），受物理知识引导的人工智能模型能够在中间过程与最终结果中产生具备物理意义的输出，进一步提升模型的泛化性能和可解释性。

（7）随着人工智能技术的飞速发展，与传统语言模型相比，大型语言模型（LLM）在解决各种复杂任务方面具有情境学习等新兴能力，在自然语言处理、计算机视觉等领域有广泛应用。由于时序数据具备与文本数据相似的顺序性，LLM 在近些年的研究中已被用来处理时间序列，捕获序列中的长期依赖关系（Chen et al.，2023；Xu et al.，2023a；Jin et al.，2023）。然而，与其他深度学习模型一样，LLM 也是复杂的黑箱过程，当前对 LLM 透明度的研究仍然有限，难以理解数据对模型的预测和决策产生的影响。未来需要对时空数据的 LLM 进行更深入的理论分析，如了解语言和时态数据之间的潜在模式相似性，显示表达未来预测值的成因、特定点与特定分类的判别原因等，提升时空数据大模型的精度、透明度与可靠性。

（8）时空数据挖掘包含庞大的分支体系。受精力所限，本书仅对时空缺失数据插值、时空稀疏数据重构、时空预测 3 个任务进行了深入的探讨。事实上，时空聚类、时空异常分析、时空关联分析等问题同样受到时空自相关和时空异质性的统计约束（Shekhar et al.，2015）。因此，将本研究采用的建模思路应用在其他时空数据挖掘任务，拓展方法的应用价值，是将来需要进一步研究的工作。

# 参 考 文 献

邓敏, 蔡建南, 杨文涛, 等. 2020. 多模态地理大数据时空分析方法. 地球信息科学学报, 22(1): 41-56.

邓敏, 陈倜, 杨文涛. 2015. 融合空间尺度特征的时空序列预测建模方法. 武汉大学学报(信息科学版), 40(12): 1625-1632.

段滢滢, 陆锋. 2012. 基于道路结构特征识别的城市交通状态空间自相关分析. 地球信息科学学报, 14(6): 768-774.

樊子德, 龚健雅, 刘博, 等. 2016a. 顾及时空异质性的缺失数据时空插值方法. 测绘学报, 45(4): 458-465.

樊子德, 李佳霖, 邓敏. 2016b. 顾及多因素影响的自适应反距离加权插值方法. 武汉大学学报(信息科学版), 41(6): 842-847.

高松. 2020. 地理空间人工智能的近期研究总结与思考. 武汉大学学报(信息科学版), 45(12): 1865-1874.

吉根林, 赵斌. 2014. 面向大数据的时空数据挖掘综述. 南京师大学报(自然科学版), 37(1): 1-7.

李德仁. 2016. 展望大数据时代的地球空间信息学. 测绘学报, 45(4): 379-384.

李德仁. 2019. 论时空大数据的智能处理与服务. 地球信息科学学报, 21(12): 1825-1831.

李德仁, 邵振峰. 2009. 论新地理信息时代. 中国科学(F 辑: 信息科学), 39(6): 579-587.

李德仁, 姚远, 邵振峰. 2014. 智慧城市中的大数据. 武汉大学学报(信息科学版), 39(6): 631-640.

李航. 2019. 统计学习方法. 北京: 清华大学出版社.

李清泉, 李德仁. 2014. 大数据 GIS. 武汉大学学报(信息科学版), 39(6): 641-644.

刘大有, 陈慧灵, 齐红, 等. 2013. 时空数据挖掘研究进展. 计算机研究与发展, 50(2): 225-239.

刘康. 2018. 路网结构及路径选择行为对城市道路交通相关性的影响. 北京: 中国科学院大学.

刘康, 仇培元, 刘希亮, 等. 2017. 利用词向量模型分析城市道路交通空间相关性. 测绘学报, 46(12): 2032-2040.

刘康, 段滢滢, 陆锋. 2014. 基于拓扑与形态特征的城市道路交通状态空间自相关分析. 地球信息科学学报, 16(3): 390-395.

刘希亮. 2015. 稀疏浮动车轨迹地图匹配与时序插值研究. 北京: 中国科学院大学.

刘瑜, 康朝贵, 王法辉. 2014. 大数据驱动的人类移动模式和模型研究. 武汉大学学报(信息科学版), 39(6): 660-666.

陆锋, 刘康, 陈洁. 2014. 大数据时代的人类移动性研究. 地球信息科学学报, 16(5): 665-672.

陆锋, 张恒才. 2014. 大数据与广义 GIS. 武汉大学学报(信息科学版), 39(6): 645-654.

吕文婷. 2022. 时空自回归神经网络插值方法. 杭州: 浙江大学.

裴韬, 刘亚溪, 郭思慧, 等. 2019. 地理大数据挖掘的本质. 地理学报, 74(3): 586-598.

宋长青, 程昌秀, 杨晓帆, 等. 2020. 理解地理"耦合"实现地理"集成". 地理学报, 75(1): 3-13.

唐炉亮, 阚子涵, 黄方贞, 等. 2016. 利用低频时空 GPS 轨迹进行交叉口通行时间探测. 武汉大学学报(信息科学版), 41(1): 136-142.

唐炉亮, 阚子涵, 任畅, 等. 2019. 利用 GPS 轨迹的转向级交通拥堵精细分析. 测绘学报, 48(1): 75-85.

王佳璆. 2008. 时空序列数据分析和建模. 广州: 中山大学.

王劲峰, 葛咏, 李连发, 等. 2014. 地理学时空数据分析方法. 地理学报, 69(9): 1326-1345.

王劲峰, 廖一兰, 刘鑫. 2010. 空间数据分析教程. 北京: 科学出版社.

王劲峰, 徐成东. 2017. 地理探测器: 原理与展望. 地理学报, 72(1): 116-134.

吴森森. 2018. 地理时空神经网络加权回归理论与方法研究. 杭州: 浙江大学.

徐成东. 2013. 气象站点气温观测值的不确定性建模以及距平分层方法研究. 北京: 中国科学院大学.

颜金彪, 段晓旗, 郑文武, 等. 2020. 顾及空间异质性的自适应 IDW 插值算法. 武汉大学学报(信息科学版), 45(1): 97-104.

阳洁, 刘启亮, 冯天琪, 等. 2023. 时空数据插值的杨赤中滤波法. 测绘学报, 52(10): 1760-1771.

岳天祥, 杜正平. 2005. 高精度曲面建模: 新一代 GIS 与 CAD 的核心模块. 自然科学进展, (4): 41-50.

张宁豫. 2017. 海量稀疏时空数据分析方法及应用研究. 杭州: 浙江大学.

张希瑞, 方志祥, 李清泉, 等. 2015. 基于浮动车数据的城市道路通行能力时空特征分析. 地球信息科学学报, 17(3): 336-343.

赵彬彬, 李光强, 邓敏. 2010. 时空数据挖掘综述. 测绘科学, 35(2): 62-65.

郑宇. 2015. 城市计算概述. 武汉大学学报(信息科学版), 40(1): 1-13.

周成虎, 朱欣焰, 王蒙, 等. 2011. 全息位置地图研究. 地理科学进展, 30(11): 1331-1335.

邹海翔, 乐阳, 李清泉. 2012. 城市路网交通状态的改进 Kriging 估计方法. 武汉大学学报(信息科学版), 37(1): 101-104.

邹海翔, 乐阳, 李清泉. 2015. 城市交通状态的空间依赖性和异质性分析. 城市交通, 13(3): 9-16.

Angulo C, Castro M A, Rivas C I, et al. 2008. Molecular identification and functional characterization of the vitamin C transporters expressed by sertoli cells. Journal of Cellular Physiology, 217(3): 708-716.

Appice A, Ciampi A, Fumarola F, et al. 2014. Data Mining Techniques in Sensor Networks. London: Springer Science & Business Media.

Argyriou A, Evgeniou T, Pontil M. 2008. Convex multi-task feature learning. Machine Learning, 73(3): 243-272.

Armstrong J S. 2006. Findings from evidence-based forecasting: Methods for reducing forecast error. International Journal of Forecasting, 22(3): 583-598.

Aryaputera A W, Yang D, Zhao L, et al. 2015. Very short-term irradiance forecasting at unobserved locations using spatio-temporal kriging. Solar Energy, 122: 1266-1278.

Asif M T, Dauwels J, Goh C Y, et al. 2014. Spatiotemporal patterns in large-scale traffic speed prediction. IEEE Transactions on Intelligent Transportation Systems, 15(2): 794-804.

Asif M T, Mitrovic N, Dauwels J, et al. 2016. Matrix and tensor based methods for missing data estimation in large traffic networks. IEEE Transactions on Intelligent Transportation Systems, 17(7): 1816-1825.

Atluri G, Karpatne A, Kumar V. 2018. Spatio-temporal data mining. ACM Computing Surveys, 51(4): 1-41.

Babu C N, Sure P, Bhuma C M. 2020. Sparse Bayesian learning assisted approaches for road network traffic state estimation. IEEE Transactions on Intelligent Transportation Systems, 22(3): 1733-1741.

Bader B W, Kolda T G. 2007. Efficient MATLAB computations with sparse and factored tensors. SIAM Journal on Scientific Computing, 30(1): 205-231.

Bae B, Kim H, Lim H, et al. 2018. Missing data imputation for traffic flow speed using spatio-temporal cokriging. Transportation Research Part C: Emerging Technologies, 88: 124-139.

Bai L, Yao L, Li C, et al. 2020. Adaptive graph convolutional recurrent network for traffic forecasting. Advances in Neural Information Processing Systems, 33: 17804-17815.

Bai S, Kolter J Z, Koltun V. 2018. An empirical evaluation of generic convolutional and recurrent networks for sequence modeling. arXiv preprint arXiv: 1803. 01271.

Bartier P M, Keller C P. 1996. Multivariate interpolation to incorporate thematic surface data using inverse distance weighting(IDW). Computers and Geosciences, 22(7): 795-799.

Beck A, Teboulle M. 2009. A fast iterative shrinkage-thresholding algorithm for linear inverse problems. SIAM Journal on Imaging Sciences, 2(1): 183-202.

Behrens T, Schmidt K, Viscarra Rossel R A, et al. 2018. Spatial modelling with Euclidean distance fields and machine learning. European Journal of Soil Science, 69(5): 757-770.

Bezuglov A, Comert G. 2016. Short-term freeway traffic parameter prediction: Application of grey system theory models. Expert Systems with Applications, 62: 284-292.

Bhattacharjee S, Mitra P, Ghosh S K. 2014. Spatial interpolation to predict missing attributes in GIS using semantic kriging. IEEE Transactions on Geoscience and Remote Sensing, 52(8): 4771-4780.

Blum A, Mitchell T. 1998. Combining labeled and unlabeled data with co-training//Proceedings of the

Annual ACM Conference on Computational Learning Theory. Madison, Wisconsin, USA: ACM: 92-100.

Bro R. 1997. PARAFAC. Tutorial and applications. Chemometrics and Intelligent Laboratory Systems, 38(2): 149-171.

Broeg T, Don A, Gocht A, et al. 2024. Using local ensemble models and Landsat bare soil composites for large-scale soil organic carbon maps in cropland. Geoderma, 444: 116850.

Brunsdon C, Fotheringham A S, Charlton M E. 1996. Geographically weighted regression: A method for exploring spatial nonstationarity. Geographical Analysis, 28(4): 281-298.

Bustillos B I, Chiu Y C. 2011. Real-time freeway-experienced travel time prediction using N-curve and K nearest neighbor methods. Transportation Research Record, 2243(2243): 127-137.

Cai L, Xu J, Liu J, et al. 2018. Integrating spatial and temporal contexts into a factorization model for POI recommendation. International Journal of Geographical Information Science, 32(3): 524-546.

Cai P, Wang Y, Lu G, et al. 2016. A spatiotemporal correlative k-nearest neighbor model for short-term traffic multistep forecasting. Transportation Research Part C: Emerging Technologies, 62: 21-34.

Cai Z, Shu Y, Su X, et al. 2023. A traffic data interpolation method for IoT sensors based on spatio-temporal dependence. Internet of Things, 21: 100648.

Caiado J, Crato N. 2007. A GARCH-based method for clustering of financial time series: International stock markets evidence//Recent Advances in Stochastic Modeling and Data Analysis. World Scientific, (12): 542-551.

Cao M, Huang M, Ma S, et al. 2020. Analysis of the spatiotemporal riding modes of dockless shared bicycles based on tensor decomposition. International Journal of Geographical Information Science, 34(11): 2225-2242.

Carlisle A, Dozier G. 2001. An off-the-shelf PSO//Proceedings of the workshop on particle swarm optimization. Citeseer, 1: 1-6.

Caruana R. 1997. Multitask learning. Machine Learning, 28(1): 41-75.

Cesare L D, Myers D E, Posa D. 2001. Estimating and modeling space-time correlation structures. Statistics & Probability Letters, 51(1): 9-14.

Chandra S R, Al-Deek H. 2009. Predictions of freeway traffic speeds and volumes using vector autoregressive models. Journal of Intelligent Transportation Systems: Technology, Planning, and Operations, 13(2): 53-72.

Chang H, Lee Y, Yoon B, et al. 2012. Dynamic near-term traffic flow prediction: System-oriented approach based on past experiences. IET Intelligent Transport Systems, 6(3): 292-305.

Chaudhuri K, Kakade S M, Livescu K, et al. 2009. Multi-view clustering via canonical correlation analysis//Proceedings of the 26th Annual International Conference on Machine Learning-ICML '09. New York, USA: ACM Press: 1-8.

Chen C, Li K. 2024. Spatiotemporal stacking method with daily-cycle restrictions for reconstructing missing hourly $PM_{2.5}$ records. Transactions in GIS, 28(2): 349-367.

Chen J, Yin J, Zang L, et al. 2019a. Stacking machine learning model for estimating hourly $PM_{2.5}$ in China based on Himawari 8 aerosol optical depth data. Science of the Total Environment, 697: 134021.

Chen K, Zhou F, Liu A. 2018a. Chaotic dynamic weight particle swarm optimization for numerical function optimization. Knowledge-Based Systems, 139: 23-40.

Chen N, Zhu J, Sun F, et al. 2012. Large-margin predictive latent subspace learning for multiview data analysis. IEEE Transactions on Pattern Analysis and Machine Intelligence, 34(12): 2365-2378.

Chen R T Q, Rubanova Y, Bettencourt J, et al. 2018b. Neural ordinary differential equations. Montréal, Canada: 32th Annual Conference on Neural Information Processing Systems (NIPS 2018).

Chen X, He Z, Chen Y, et al. 2019b. Missing traffic data imputation and pattern discovery with a Bayesian augmented tensor factorization model. Transportation Research Part C: Emerging Technologies, 104: 66-77.

Chen X, Lei M, Saunier N, et al. 2021. Low-rank autoregressive tensor completion for spatiotemporal traffic data imputation. IEEE Transactions on Intelligent Transportation Systems, 23(8): 12301-12310.

Chen X, Steinhaeuser K, Boriah S, et al. 2013. Contextual time series change detection//Proceedings of the 2013 SIAM International Conference on Data Mining. Philadelphia, PA: Society for Industrial and Applied Mathematics: 503-511.

Chen X, Sun L. 2021. Bayesian temporal factorization for multidimensional time series prediction. IEEE Transactions on Pattern Analysis and Machine Intelligence, 44(9): 4659-4673.

Chen X, Wei Z, Li Z, et al. 2017. Ensemble correlation-based low-rank matrix completion with applications to traffic data imputation. Knowledge-Based Systems, 132: 249-262.

Chen Z, Zheng L N, Lu C, et al. 2023. ChatGPT informed graph neural network for stock movement prediction. arXiv preprint arXiv: 2306. 03763.

Cheng S, Lu F. 2017. A two-step method for missing spatio-temporal data reconstruction. ISPRS International Journal of Geo-Information, 6(7): 187.

Cheng S, Lu F, Peng P, et al. 2018. Short-term traffic forecasting: An adaptive ST-KNN model that considers spatial heterogeneity. Computers, Environment and Urban Systems, 71: 186-198.

Cheng S, Lu F, Peng P. 2020a. Short-term traffic forecasting by mining the non-stationarity of spatiotemporal patterns. IEEE Transactions on Intelligent Transportation Systems, 22(10): 6365-6383.

Cheng S, Peng P, Lu F. 2020b. A lightweight ensemble spatiotemporal interpolation model for geospatial data. International Journal of Geographical Information Science, 34(9): 1849-1872.

Cheng T, Haworth J, Wang J. 2012. Spatio-temporal autocorrelation of road network data. Journal of Geographical Systems, 14(4): 389-413.

Cheng T, Wang J. 2009. Accommodating spatial associations in DRNN for space-time analysis. Computers, Environment and Urban Systems, 33(6): 409-418.

Cheng T, Wang J, Haworth J, et al. 2014. A dynamic spatial weight matrix and localized space-time autoregressive integrated moving average for network modeling. Geographical Analysis, 46(1): 75-97.

Choi S. 2008. Algorithms for orthogonal nonnegative matrix factorization//2008 IEEE International Joint Conference on Neural Networks. Hong Kong, China: IEEE: 1828-1832.

Chung J, Gulcehre C, Cho K H, et al. 2014. Empirical evaluation of gated recurrent neural networks on sequence modeling. arXiv preprint arXiv: 1412. 3555.

Clark S. 2003. Traffic prediction using multivariate nonparametric regression. Journal of Transportation Engineering, 129(2): 161-168.

Cliff A D, Ord J K. 1975. Space-time modelling with an application to regional forecasting. Transactions of the Institute of British Geographers, 64(64): 119.

Comber A, Harris P, Brunsdon C. 2024. Multiscale spatially varying coefficient modelling using a Geographical Gaussian Process GAM. International Journal of Geographical Information Science, 38(1): 27-47.

Combettes P L, Wajs V R. 2005. Signal recovery by proximal forward-backward splitting. Multiscale Modeling and Simulation, 4(4): 1168-1200.

Crosby H, Damoulas T, Jarvis S A. 2019. Embedding road networks and travel time into distance metrics for urban modelling. International Journal of Geographical Information Science, 33(3): 512-536.

Dai Z, Wu S, Wang Y, et al. 2022. Geographically convolutional neural network weighted regression: A method for modeling spatially non-stationary relationships based on a global spatial proximity grid. International Journal of Geographical Information Science, 36(11): 2248-2269.

Dang X, Hao Z. 2010. Prediction for network traffic based on modified Elman neural network. Journal of Computer Applications, 30(10): 2648-2652.

Defferrard M, Bresson X, Vandergheynst P. 2016. Convolutional neural networks on graphs with fast localized spectral filtering. Barcelona, Spain: 30th Annual Conference on Neural Information

Processing Systems (NIPS 2016).

Demšar J. 2006. Statistical comparisons of classifiers over multiple data sets. Journal of Machine Learning Research, 7: 1-30.

Deng D, Shahabi C, Demiryurek U, et al. 2017. Situation aware multi-task learning for traffic prediction//2017 IEEE International Conference on Data Mining(ICDM). New Orleans, LA, USA: IEEE: 81-90.

Deng M, Chen K, Lei K, et al. 2023. MVCV-Traffic: Multiview road traffic state estimation via cross-view learning. International Journal of Geographical Information Science, 37(10): 2205-2237.

Deng M, Fan Z, Liu Q, et al. 2016. A hybrid method for interpolating missing data in heterogeneous spatio-temporal datasets. ISPRS International Journal of Geo-Information, 5(2): 13.

Deng M, Huang J, Zhang Y, et al. 2018a. Generating urban road intersection models from low-frequency GPS trajectory data. International Journal of Geographical Information Science, 32(12): 2337-2361.

Deng M, Yang W, Liu Q, et al. 2018b. Heterogeneous space-time artificial neural networks for space-time series prediction. Transactions in GIS, 22(1): 183-201.

Dey R, Salem F M. 2017. Gate-variants of gated recurrent unit(GRU)neural networks//2017 IEEE 60th International Midwest Symposium on Circuits and Systems(MWSCAS). Boston, MA. USA: IEEE: 1597-1600.

Djuric N, Radosavljevic V, Coric V, et al. 2011. Travel speed forecasting by means of continuous conditional random fields. Transportation Research Record: Journal of the Transportation Research Board, 2263(1): 131-139.

Dong C, Shao C, Li X. 2009. Short-term traffic flow forecasting of road network based on spatial-temporal characteristics of traffic flow//2009 WRI World Congress on Computer Science and Information Engineering. Los Angeles, CA, USA: IEEE: 645-650.

Dong G, Ma J, Kwan M P, et al. 2018. Multi-level temporal autoregressive modelling of daily activity satisfaction using GPS-integrated activity diary data. International Journal of Geographical Information Science, 32(11): 2189-2208.

Du Z, Qi J, Wu S, et al. 2021. A spatially weighted neural network based water quality assessment method for large-scale coastal areas. Environmental Science & Technology, 55(4): 2553-2563.

Du Z, Wang Z, Wu S, et al. 2020. Geographically neural network weighted regression for the accurate estimation of spatial non-stationarity. International Journal of Geographical Information Science, 34(7): 1353-1377.

Du Z, Wu S, Zhang F, et al. 2018. Extending geographically and temporally weighted regression to account for both spatiotemporal heterogeneity and seasonal variations in coastal seas. Ecological Informatics, 43: 185-199.

Duan P, Mao G, Zhang C, et al. 2016. STARIMA-based traffic prediction with time-varying lags//2016 IEEE 19th International Conference on Intelligent Transportation Systems(ITSC). Rio de Janeiro, Brazil: IEEE: 1610-1615.

Duan Y, Lv Y, Kang W, et al. 2014. A deep learning based approach for traffic data imputation//2014 17th IEEE International Conference on Intelligent Transportation Systems(ITSC). Qingdao, China: IEEE: 912-917.

Durán-Rosal A M, Hervás-Martínez C, Tallón-Ballesteros A J, et al. 2016. Massive missing data reconstruction in ocean buoys with evolutionary product unit neural networks. Ocean Engineering, 117: 292-301.

Eichler M. 2013. Causal inference with multiple time series: Principles and problems. Philosophical Transactions of the Royal Society A: Mathematical, Physical and Engineering Sciences, 371(1997): 20110613.

Elman J L. 1990. Finding structure in time. Cognitive Science, 14(2): 179-211.

Ermagun A, Levinson D. 2018. Spatiotemporal traffic forecasting: Review and proposed directions. Transport Reviews, 38(6): 786-814.

Evgeniou T, Pontil M. 2004. Regularized multi-task learning. KDD-2004-Proceedings of the Tenth ACM SIGKDD International Conference on Knowledge Discovery and Data Mining, 109-117.

Fang S, Zhang Q, Meng G, et al. 2019. GSTNet: Global spatial-temporal network for traffic flow prediction//Proceedings of the twenty-Eighth in ternational Joint Conference on Artificial Intelligence, IJCAI. Macao, China: AAAI Press: 2286-2293.

Fang Z, Long Q, Song G, et al. 2021a. Spatial-temporal graph ode networks for traffic flow forecasting//Proceedings of the 27th ACM SIGKDD conference on knowledge discovery & data mining. New York, USA: Association for Computing Machinery: 364-373.

Fang Z, Wang Y, Peng L, et al. 2021b. A comparative study of heterogeneous ensemble-learning techniques for landslide susceptibility mapping. International Journal of Geographical Information Science, 35(2): 321-347.

Feng L, Li Y, Wang Y, et al. 2020. Estimating hourly and continuous ground-level $PM_{2.5}$ concentrations using an ensemble learning algorithm: The ST-stacking model. Atmospheric environment, 223: 117242.

Feng W, Zhang C, Zhang W, et al. 2015. STREAMCUBE: Hierarchical spatio-temporal hashtag clustering for event exploration over the Twitter stream//Proceedings-International Conference on Data Engineering. Seoul, Republic of Korea: IEEE: 1561-1572.

Fiorini S, Pilotti G, Ciavotta M, et al. 2020. 3D-CLoST: A CNN-LSTM approach for mobility dynamics prediction in smart cities//2020 IEEE International Conference on Big Data(Big Data). Atlanta, GA, USA: IEEE: 3180-3189.

Fouladgar M, Parchami M, Elmasri R, et al. 2017. Scalable deep traffic flow neural networks for urban traffic congestion prediction//2017 International Joint Conference on Neural Networks. Anchorage, USA: IEEE: 2251-2258.

Fred A L N, Jain A K. 2005. Combining multiple clusterings using evidence accumulation. IEEE Transactions on Pattern Analysis and Machine Intelligence, 27(6): 835-850.

Frey B J. 1998. Pattern classification//Graphical Models for Machine Learning and Digital Communication. Cambridge, MA: The MIT Press.

Frey B J, Dueck D. 2007. Clustering by passing messages between data points. Science, 315(5814): 972-976.

Friedman M. 1937. The use of ranks to avoid the assumption of normality implicit in the analysis of variance. Journal of the American Statistical Association, 32(200): 675-701.

Fusco G, Colombaroni C, Isaenko N. 2016. Short-term speed predictions exploiting big data on large urban road networks. Transportation Research Part C: Emerging Technologies, 73: 183-201.

Gafurov A, Bárdossy A. 2009. Cloud removal methodology from MODIS snow cover product. Hydrology and Earth System Sciences, 13(7): 1361-1373.

Gao B, Hu M, Wang J, et al. 2020. Spatial interpolation of marine environment data using P-MSN. International Journal of Geographical Information Science, 34(3): 577-603.

Gao P, Liu Z, Tian K, et al. 2016. Characterizing traffic conditions from the perspective of spatial-temporal heterogeneity. ISPRS International Journal of Geo-Information, 5(3): 34.

Gao Y, Zhang G, Lu J, et al. 2011. Particle swarm optimization for bi-level pricing problems in supply chains. Journal of Global Optimization, 51(2): 245-254.

Gao Z, Cheng W, Qiu X, et al. 2015. A missing sensor data estimation algorithm based on temporal and spatial correlation. International Journal of Distributed Sensor Networks, 2015(10): 435391.

Gardner Jr E S. 2006. Exponential smoothing: The state of the art—Part II. International Journal of Forecasting, 22(4): 637-666.

Ge Y, Jin Y, Stein A, et al. 2019. Principles and methods of scaling geospatial earth science data. Earth-Science Reviews, 197: 102897.

Geary R C. 1954. The contiguity ratio and statistical mapping. The Incorporated Statistician, 5(3): 115.

Geng X, Li Y, Wang L, et al. 2019. Spatiotemporal multi-graph convolution network for ride-hailing demand forecasting//Proceedings of the AAAI conference on artificial intelligence. Honolulu,

Hawaii, USA: AAAI Press: 3656-3663.

Georganos S, Grippa T, Niang Gadiaga A, et al. 2021. Geographical random forests: A spatial extension of the random forest algorithm to address spatial heterogeneity in remote sensing and population modelling. Geocarto International, 36(2): 121-136.

Ginsberg J, Mohebbi M H, Patel R S, et al. 2009. Detecting influenza epidemics using search engine query data. Nature, 457(7232): 1012-1014.

Griffith D A. 2010. Modeling spatio-temporal relationships: Retrospect and prospect. Journal of Geographical Systems, 12(2): 111-123.

Griffith D A, Heuvelink G B M. 2012. Deriving space-time variograms from space-time autoregressive(STAR)model specifications//Lecture Notes in Geoinformation and Cartography. Berlin: Springer: 3-12.

Grundmann M, Kwatra V, Han M, et al. 2010. Efficient hierarchical graph-based video segmentation//Proceedings of the IEEE Computer Society Conference on Computer Vision and Pattern Recognition. San Francisco, CA, USA: IEEE: 2141-2148.

Guo H, Python A, Liu Y. 2023. Extending regionalization algorithms to explore spatial process heterogeneity. International Journal of Geographical Information Science, 37(11): 2319-2344.

Guo S, Lin Y, Feng N, et al. 2019b. Attention based spatial-temporal graph convolutional networks for traffic flow forecasting//Proceedings of the AAAI conference on artificial intelligence. Honolulu, Hawaii USA: AAAI Press: 922-929.

Guo S, Lin Y, Li S, et al. 2019a. Deep spatial-temporal 3D convolutional neural networks for traffic data forecasting. IEEE Transactions on Intelligent Transportation Systems, 20(10): 3913-3926.

Guo S, Lin Y, Wan H, et al. 2021. Learning dynamics and heterogeneity of spatial-temporal graph data for traffic forecasting. IEEE Transactions on Knowledge and Data Engineering, 34(11): 5415-5428.

Habtemichael F G, Cetin M. 2016. Short-term traffic flow rate forecasting based on identifying similar traffic patterns. Transportation Research Part C: Emerging Technologies, 66: 61-78.

Hagenauer J, Helbich M. 2022. A geographically weighted artificial neural network. International Journal of Geographical Information Science, 36(2): 215-235.

Handwerker D A, Roopchansingh V, Gonzalez-Castillo J, et al. 2012. Periodic changes in fMRI connectivity. NeuroImage, 63(3): 1712-1719.

Hao Y, Tian C. 2019. A novel two-stage forecasting model based on error factor and ensemble method for multi-step wind power forecasting. Applied energy, 238: 368-383.

Hardoon D R, Szedmak S, Shawe-Taylor J. 2004. Canonical correlation analysis: An overview with application to learning methods. Neural Computation, 16(12): 2639-2664.

He J, Lawrence R. 2011. A graph-based framework for multi-task multi-view learning//Proceedings of the 28th International Conference on Machine Learning(ICML). Bellevue, Washington, USA: Ominipress: 25-32.

He K, Zhang X, Ren S, et al. 2016. Deep residual learning for image recognition//Proceedings of the IEEE conference on computer vision and pattern recognition. Las Vegas, NV, USA: IEEE: 770-778.

Hengl T, Nussbaum M, Wright M N, et al. 2018. Random forest as a generic framework for predictive modeling of spatial and spatio-temporal variables. PeerJ, 6: e5518.

Herring R, Hofleitner A, Abbeel P, et al. 2010. Estimating arterial traffic conditions using sparse probe data//13th International IEEE Conference on Intelligent Transportation Systems. Funchal, Portugal: IEEE, 929-936.

Hersbach H, Bell B, Berrisford P, et al. 2018. ERA5 hourly data on single levels from 1979 to present. Copernicus climate change service(c3s)climate data store(cds), 10(10. 24381).

Hochreiter S, Schmidhuber J. 1997. Long short-term memory. Neural computation, 9(8): 1735-1780.

Holland R C, Jones G, Benschop J. 2015. Spatio-temporal modelling of disease incidence with missing covariate values. Epidemiology and Infection, 143(8): 1777-1788.

Hong H, Huang W, Zhou X, et al. 2016. Short-term traffic flow forecasting: Multi-metric KNN with related station discovery//2015 12th International Conference on Fuzzy Systems and Knowledge Discovery(FSKD). Zhangjiajie, China: IEEE: 1670-1675.

Hong Y, Zhu W. 2015. Spatial co-training for semi-supervised image classification. Pattern Recognition Letters, 63: 59-65.

Hou X, Wang Y, Hu S.2013. Short-term traffic flow forecasting based on two-tier k-nearest neighbor algorithm. Procedia - Social and Behavioral Sciences, 96(6): 2529-2536.

Hoye A T, Davoren J E, Wipf P, et al. 2008. Targeting mitochondria. Accounts of Chemical Research, 41(1): 87-97.

Hu M, Wang J, Zhao Y, et al. 2013. A B-SHADE based best linear unbiased estimation tool for biased samples. Environmental Modelling and Software, 48: 93-97.

Huang B, Wu B, Barry M. 2010. Geographically and temporally weighted regression for modeling spatio-temporal variation in house prices. International Journal of Geographical Information Science, 24(3): 383-401.

Huang C. 2021. STR-GODEs: Spatial-Temporal-Ridership graph ODEs for metro ridership prediction. arXiv preprint arXiv: 2107. 04980.

Huang G. 2014. An insight into extreme learning machines: Random neurons, random features and kernels. Cognitive Computation, 6(3): 376-390.

Huang G, Zhu Q, Siew CK. 2006. Extreme learning machine: Theory and applications. Neurocomputing, 70(1-3): 489-501.

Huang L, Yang Y, Chen H, et al. 2022. Context-aware road travel time estimation by coupled tensor decomposition based on trajectory data. Knowledge-Based Systems, 245: 108596.

Huang W, Song G, Hong H, et al. 2014. Deep architecture for traffic flow prediction: Deep belief networks with multitask learning. IEEE Transactions on Intelligent Transportation Systems, 15(5): 2191-2201.

Huang Y, Wang X, Patton D. 2018. Examining spatial relationships between crashes and the built environment: A geographically weighted regression approach. Journal of Transport Geography, 69: 221-233.

Janowicz K, Gao S, McKenzie G, et al. 2020. GeoAI: Spatially explicit artificial intelligence techniques for geographic knowledge discovery and beyond. International Journal of Geographical Information Science, 34(4): 625-636.

Ji J, Zhang W, Wang J, et al. 2023. Self-supervised deconfounding against spatio-temporal shifts: Theory and modeling. arXiv preprint arXiv: 2311. 12472.

Jiang Z, Shekhar S, Zhou X, et al. 2015. Focal-test-based spatial decision tree learning. IEEE Transactions on Knowledge and Data Engineering, 27(6): 1547-1559.

Jin M, Wen Q, Liang Y, et al. 2023. Large models for time series and spatio-temporal data: A survey and outlook. arXiv preprint arXiv: 2310. 10196.

Kamarianakis Y, Prastacos P. 2005. Space-time modeling of traffic flow. Computers and Geosciences, 31(2): 119-133.

Karpatne A, Ebert-Uphoff I, Ravela S, et al. 2019. Machine learning for the geosciences: Challenges and opportunities. IEEE Transactions on Knowledge and Data Engineering, 31(8): 1544-1554.

Karydas C, Gitas I, Koutsogiannaki E, et al. 2009. Evaluation of spatial interpolation techniques for mapping agricultural topsoil properties in Crete. EARSeL eProceedings, 8(1): 26-39.

Kawale J, Chatterjee S, Ormsby D, et al. 2012. Testing the significance of spatio-temporal teleconnection patterns//Proceedings of the ACM SIGKDD International Conference on Knowledge Discovery and Data Mining. Beijing: ACM: 642-650.

Kipf T N, Welling M. 2016. Semi-supervised classification with graph convolutional networks. arXiv preprint arXiv: 1609. 02907.

Kolda T G, Bader B W. 2009. Tensor decompositions and applications. SIAM Review, 51(3): 455-500.

Kong L, Xia M, Liu X Y, et al. 2014. Data loss and reconstruction in wireless sensor networks. IEEE Transactions on Parallel and Distributed Systems, 25(11): 2818-2828.

Lan S, Ma Y, Huang W, et al. 2022. Dstagnn: Dynamic spatial-temporal aware graph neural network for traffic flow forecasting//Proceeding of the 39th International conference on machine learning(PMLR). 162: 11906-11917.

Larose D T. 2005. Introduction to data mining//Discovering Knowledge in Data. Hoboken, NJ, USA: John Wiley & Sons, Inc. : 1-26.

Lechner M, Hasani R. 2020. Learning long-term dependencies in irregularly-sampled time series. arXiv preprint arXiv: 2006. 04418.

Lee D D, Seung H S. 1999. Learning the parts of objects by non-negative matrix factorization. Nature, 401(6755): 788-791.

Lei M, Labbe A, Wu Y, et al. 2022. Bayesian kernelized matrix factorization for spatiotemporal traffic data imputation and kriging. IEEE Transactions on Intelligent Transportation Systems, 23(10): 18962-18974.

Leiva L A, Vidal E. 2013. Warped K-Means: An algorithm to cluster sequentially-distributed data. Information Sciences, 237: 196-210.

Li D, Deogun J, Spaulding W, et al. 2004. Towards missing data imputation: A study of fuzzy K-means clustering method//Lecture Notes in Artificial Intelligence(Subseries of Lecture Notes in Computer Science). Berlin, Heidelberg: Springer Berlin Heidelberg: 573-579.

Li L, 2019. Geographically weighted machine learning and downscaling for high-resolution spatiotemporal estimations of wind speed. Remote Sensing, 11(11): 1378.

Li L, Fang Y, Wu J, et al. 2021a. Encoder-decoder full residual deep networks for robust regression and spatiotemporal estimation. IEEE Transactions on Neural Networks and Learning Systems, 32(9): 4217-4230.

Li L, Khalili R, Lurmann F, et al. 2023. Physics-informed deep learning to reduce the bias in joint prediction of nitrogen oxides. arXiv preprint arXiv: 2308. 07441.

Li L, Li Y, Li Z. 2013. Efficient missing data imputing for traffic flow by considering temporal and spatial dependence. Transportation Research Part C: Emerging Technologies, 34(9): 108-120.

Li L, Losser T, Yorke C, et al. 2014. Fast inverse distance weighting-based spatiotemporal interpolation: A web-based application of interpolating daily fine particulate matter $PM_{2.5}$ in the contiguous U. S. using parallel programming and k-d Tree. International Journal of Environmental Research and Public Health, 11(9): 9101-9141.

Li L, Lurmann F, Habre R, et al. 2017. Constrained mixed-effect models with ensemble learning for prediction of nitrogen oxides concentrations at high spatiotemporal resolution. Environmental science & technology, 51(17): 9920-9929.

Li L, Zhang J, Wang Y, et al. 2019a. Missing value imputation for traffic-related time series data based on a multi-view learning method. IEEE Transactions on Intelligent Transportation Systems, 20(8): 2933-2943.

Li M, Gao S, Lu F, et al. 2021b. Prediction of human activity intensity using the interactions in physical and social spaces through graph convolutional networks. International Journal of Geographical Information Science, 35(12): 2489-2516.

Li M, Lu F, Zhang H, et al. 2020. Predicting future locations of moving objects with deep fuzzy-LSTM networks. Transportmetrica A: Transport Science, 16(1): 119-136.

Li S, Shen Z, Xiong G. 2012. A k-nearest neighbor locally weighted regression method for short-term traffic flow forecasting//2012 15th International IEEE Conference on Intelligent Transportation Systems. Anchorage, USA: IEEE: 1596-1601.

Li Y, Shahabi C. 2018. A brief overview of machine learning methods for short-term traffic forecasting and future directions. SIGSPATIAL Special, 10(1): 3-9.

Li Z, Fotheringham A S, Li W, et al. 2019b. Fast Geographically Weighted Regression(FastGWR): A scalable algorithm to investigate spatial process heterogeneity in millions of observations. International Journal of Geographical Information Science, 33(1): 155-175.

Lin Z, Feng J, Lu Z, et al. 2019. DeepSTN+: Context-aware spatial-temporal neural network for crowd flow prediction in metropolis. Proceedings of the AAAI Conference on Artificial Intelligence, 33(1): 1020-1027.

Liu J, Ji S, Ye J. 2009. Multi-task feature learning via efficient l 2, 1-norm minimization//Proceedings of the twenty-fifth conference on uncertainty in artificial intelligence. Momtreal, Quebec, Canada: AUAI Press: 339-348.

Liu K, Gao S, Qiu P, et al. 2017b. Road2Vec: Measuring traffic interactions in urban road system from massive travel routes. ISPRS International Journal of Geo-Information, 6(11): 321.

Liu P, Biljecki F. 2022. A review of spatially-explicit GeoAI applications in Urban Geography. International Journal of Applied Earth Observation and Geoinformation, 112: 102936.

Liu Q, Zhu Y, Yang J, et al. 2024. CoYangCZ: A new spatial interpolation method for nonstationary multivariate spatial processes. International Journal of Geographical Information Science, 38(1): 48-76.

Liu W, Du P, Wang D. 2015. Ensemble learning for spatial interpolation of soil potassium content based on environmental information. PLoS ONE, 10(4), e0124383.

Liu X, Chen F, Lu C. 2014. On detecting spatial categorical outliers. GeoInformatica, 18(3): 501-536.

Liu X, Liu K, Li M, et al. 2017a. A ST-CRF map-matching method for low-frequency floating car data. IEEE Transactions on Intelligent Transportation Systems, 18(5): 1241-1254.

Liu Y, Liang Y, Liu S, et al. 2016a. Predicting urban water quality with ubiquitous data. arXiv preprint arXiv: 161009462.

Liu Y, Zheng Y, Liang Y, et al. 2016b. Urban water quality prediction based on multi-task multi-view learning//Proceedings of the 25th international joint conference on artificial intelligence. NewYork: AAAI press: 2576-2582.

Londhe S, Dixit P, Shah S, et al. 2015. Infilling of missing daily rainfall records using artificial neural network. ISH Journal of Hydraulic Engineering, 21(3): 255-264.

Lu C, Chen D, Kou Y. 2003. Algorithms for spatial outlier detection//Third IEEE International Conference on Data Mining. Melbourne, FL, USA: IEEE: 597-600.

Lu F, Liu K, Duan Y, et al. 2018. Modeling the heterogeneous traffic correlations in urban road systems using traffic-enhanced community detection approach. Physica A: Statistical Mechanics and its Applications, 501: 227-237.

Lu G Y, Wong D W. 2008. An adaptive inverse-distance weighting spatial interpolation technique. Computers & Geosciences, 34(9): 1044-1055.

Lu M, Lall U, Kawale J, et al. 2016. Exploring the predictability of 30-day extreme precipitation occurrence using a global SST-SLP correlation network. Journal of Climate, 29(3): 1013-1029.

Lukoševičius M, Jaeger H. 2009. Reservoir computing approaches to recurrent neural network training. Computer science review, 3(3): 127-149.

Luo P, Song Y, Zhu D, et al. 2023. A generalized heterogeneity model for spatial interpolation. International Journal of Geographical Information Science, 37(3): 634-659.

Lv Y, Duan Y, Kang W, et al. 2014. Traffic flow prediction with big data: A deep learning approach. IEEE Transactions on Intelligent Transportation Systems, 16(2): 1-9.

Ma J, Ding Y, Cheng J C P, et al. 2019. A temporal-spatial interpolation and extrapolation method based on geographic Long Short-Term Memory neural network for $PM_{2.5}$. Journal of Cleaner Production, 237: 117729.

Ma X, Dai Z, He Z, et al. 2017. Learning traffic as images: A deep convolutional neural network for large-scale transportation network speed prediction. Sensors(Switzerland), 17(4): 1-16.

Ma X, Yu H, Wang Y, et al. 2015. Large-scale transportation network congestion evolution prediction using deep learning theory. PloS one, 10(3): e0119044.

Ma X, Zhang J, Ding C, et al. 2018. A geographically and temporally weighted regression model to explore the spatiotemporal influence of built environment on transit ridership. Computers, Environment and Urban Systems, 70: 113-124.

Martin R L, Oeppen J E. 1975. The identification of regional forecasting models using space: Time correlation functions. Transactions of the Institute of British Geographers, 66(66): 95.

Masrur A, Yu M, Mitra P, et al. 2022. Interpretable machine learning for analysing heterogeneous drivers of geographic events in space-time. International Journal of Geographical Information Science, 36(4): 692-719.

McGuire M P, Janeja V P, 2014. Gangopadhyay A. Mining trajectories of moving dynamic spatio-temporal regions in sensor datasets. Data Mining and Knowledge Discovery, 28(4): 961-1003.

Min W, Wynter L. 2011. Real-time road traffic prediction with spatio-temporal correlations. Transportation Research Part C: Emerging Technologies, 19(4): 606-616.

Min X, Hu J, Chen Q, et al. 2009. Short-term traffic flow forecasting of urban network based on dynamic STARIMA model//2009 12th International IEEE Conference on Intelligent Transportation Systems. St. louis, Mo, USA: IEEE: 1-6.

Min X, Hu J, Zhang Z. 2010. Urban traffic network modeling and short-term traffic flow forecasting based on GSTARIMA model//13th International IEEE Conference on Intelligent Transportation Systems. Funchal, Portugal: IEEE: 1535-1540.

Moran P A. 1950. Notes on continuous stochastic phenomena. Biometrika, 37(1-2): 17-23.

Mueller K, Lepsien J, Möller H E, et al. 2017. Commentary: Cluster failure: Why fMRI inferences for spatial extent have inflated false-positive rates. Frontiers in Human Neuroscience, 11: 201602413.

Murray N L, Holmes H A, Liu Y, et al. 2019. A Bayesian ensemble approach to combine $PM_{2.5}$ estimates from statistical models using satellite imagery and numerical model simulation. Environmental research, 178: 108601.

Nesterov Y. 2013. Gradient methods for minimizing composite functions. Mathematical Programming, 140(1): 125-161.

Niu D, Diao L, Xu L, et al. 2020. Precipitation forecast based on multi-channel ConvLSTM and 3d-CNN//2020 International Conference on Unmanned Aircraft Systems(ICUAS). Athens, Greece: IEEE: 367-371.

Ordóñez Galán C, Sánchez Lasheras F, de Cos Juez F J, et al. 2017. Missing data imputation of questionnaires by means of genetic algorithms with different fitness functions. Journal of Computational and Applied Mathematics, 311: 704-717.

Pace R K, Barry R, Clapp J M, et al. 1998. Spatiotemporal autoregressive models of neighborhood effects. Journal of Real Estate Finance and Economics, 17(1): 15-33.

Pavlyuk D. 2018. Spatiotemporal Big Data Challenges for Traffic Flow Analysis//Kabashkin I, Yatskiv, Prent Kovskis. Reliability and statistics in Transportation and Communication. Relstat 2017. Lecture Notes in Networks and Systems. Berlin: Springer: 232-240.

Pesquer L, Cortés A, Pons X. 2011. Parallel ordinary kriging interpolation incorporating automatic variogram fitting. Computers & Geosciences, 37(4): 464-473.

Pfeifer P E, Deutsch S J, Deutrch S J. 1980. A three-stage iterative procedure for space-time modeling. Technometrics, 22(1): 35-47.

Pham B T, Jaafari A, Nguyen-Thoi T, et al. 2021. Ensemble machine learning models based on Reduced Error Pruning Tree for prediction of rainfall-induced landslides. International Journal of Digital Earth, 14(5): 575-596.

Poli R, Kennedy J, Blackwell T. 2007. Particle swarm optimization. Swarm Intelligence, 1(1): 33-57.

Pravilovic S, Appice A, Malerba D. 2018. Leveraging correlation across space and time to interpolate geophysical data via CoKriging. International Journal of Geographical Information Science, 32(1): 191-212.

Qi H, Liu M, Wang D, et al. 2016. Spatial-temporal congestion identification based on time series similarity considering missing data. TANG T. PLOS ONE, 11(9): e0162043.

Qi Y, Li Q, Karimian H, et al. 2019. A hybrid model for spatiotemporal forecasting of $PM_{2.5}$ based on graph convolutional neural network and long short-term memory. Science of The Total Environment, 664: 1-10.

Qin M, Du Z, Zhang F, et al. 2019. A matrix completion-based multiview learning method for imputing missing values in buoy monitoring data. Information Sciences, 487: 18-30.

Qin M, Li Z, Du Z. 2017. Red tide time series forecasting by combining ARIMA and deep belief network. Knowledge-Based Systems, 125: 39-52.

Qu L, Hu J, Li L, et al. 2009. PPCA-based missing data imputation for traffic flow volume: a systematical approach. IEEE Transactions on Intelligent Transportation Systems, 10(3): 512-522.

Qu L, Zhang Y, Hu J, et al. 2008. A BPCA based missing value imputing method for traffic flow volume data//2008 IEEE Intelligent Vehicles Symposium. Eindhoven, Netherlands: IEEE: 985-990.

Ran B, Tan H, Wu Y, et al. 2016. Tensor based missing traffic data completion with spatial-temporal correlation. Physica A: Statistical Mechanics and its Applications, 446: 54-63.

Rathore N, Rathore P, Basak A, et al. 2021. Multi scale graph wavenet for wind speed forecasting//2021 IEEE International Conference on Big Data(Big Data). Orlando, FL, USA: IEEE, 4047-4053.

Reed S E, Lee H, Anguelov D, et al. 2015. Training deep neural networks on noisy labels with bootstrapping. 3rd International Conference on Learning Representations, ICLR 2015-Workshop Track Proceedings, 10(1530): 10.

Ren C, An N, Wang J, et al. 2014. Optimal parameters selection for BP neural network based on particle swarm optimization: A case study of wind speed forecasting. Knowledge-Based Systems, 56: 226-239.

Requia W J, Di Q, Silvern R, et al. 2020. An ensemble learning approach for estimating high spatiotemporal resolution of ground-level ozone in the contiguous United States. Environmental science & technology, 54(18): 11037-11047.

Reynolds K M. 1988. Analysis of epidemics using spatio-temporal autocorrelation. Phytopathology, 78(2): 240.

Rigol J P, Jarvis C H, Stuart N. 2001. Artificial neural networks as a tool for spatial interpolation. International Journal of Geographical Information Science, 15(4): 323-343.

Ristovski K, Radosavljevic V, Vucetic S, et al. 2013. Continuous conditional random fields for efficient regression in large fully connected graphs//Proceedings of the 27th AAAI Conference on Artificial Intelligence, Bellevue, washington: AAAI: 840-846.

Robinson G M. 2009. Time series analysis//International Encyclopedia of Human Geography. Elsevier: 285-293.

Rubanova Y, Chen R T Q, Duvenaud D K. 2019. Latent ordinary differential equations for irregularly-sampled time series. Advances in Neural Information Processing Systems, 32.

Rumelhart D E, Hinton G E, Williams R J. 1986. Learning representations by back-propagating errors. Nature, 323(6088): 533-536.

Said A B, Erradi A. 2021. Spatiotemporal tensor completion for improved urban traffic imputation. IEEE Transactions on Intelligent Transportation Systems, 23(7): 6836-6849.

Samal N R, Konar A, Das S, et al. 2007. A closed loop stability analysis and parameter selection of the Particle Swarm Optimization dynamics for faster convergence//2007 IEEE Congress on Evolutionary Computation. Singapore: IEEE: 1769-1776.

Samek W, Montavon G, Lapuschkin S, et al. 2021. Explaining deep neural networks and beyond: A review of methods and applications. Proceedings of the IEEE, 109(3): 247-278.

Saremi S, Mirjalili S, Lewis A, et al. 2018. Enhanced multi-objective particle swarm optimisation for estimating hand postures. Knowledge-Based Systems, 158: 175-195.

Sekulić A, Kilibarda M, Heuvelink G B M, et al. 2020. Random forest spatial interpolation. Remote Sensing, 12(10): 1687.

Shafizadeh-Moghadam H, Valavi R, Shahabi H, et al. 2018. Novel forecasting approaches using combination of machine learning and statistical models for flood susceptibility mapping. Journal of environmental management, 217: 1-11.

Shang J, Zheng Y, Tong W, et al. 2014. Inferring gas consumption and pollution emission of vehicles throughout a city//Proceedings of the 20th ACM SIGKDD international conference on Knowledge discovery and data mining-KDD '14. New York, USA: ACM Press: 1027-1036.

Shao W, Chen L. 2018. License plate recognition data-based traffic volume estimation using collaborative tensor decomposition. IEEE Transactions on Intelligent Transportation Systems,

19(11): 3439-3448.

Shekhar S, Jiang Z, Ali R Y, et al. 2015. Spatiotemporal data mining: A computational perspective. ISPRS International Journal of Geo-Information, 4(4): 2306-2338.

Shekhar S, Lu C, Zhang P. 2003. A unified approach to detecting spatial outliers. GeoInformatica, 7(2): 139-166.

Shi X, Chen Z, Wang H, et al. 2015. Convolutional LSTM network: A machine learning approach for precipitation nowcasting. Advances in neural information processing systems, 28.

Sindhwani V, Niyogi P, Belkin M. 2005. Co-regularization Approach to Semi-supervised Learning with Multiple Views//In Proceedings of the ICML-05 Workshop on Learning with Multiple Views. Citeseer: 74-79.

Smith B L. 1995. Forecasting freeway traffic flow for intelligent transportation systems application. Charlottesville. USA: University of Virginia.

Smith B L, Williams B M, Keith Oswald R. 2002. Comparison of parametric and nonparametric models for traffic flow forecasting. Transportation Research Part C: Emerging Technologies, 10(4): 303-321.

Song Y. 2022. Geographically optimal similarity. Mathematical Geosciences, 55(3), 295-320.

Sovilj D, Eirola E, Miche Y, et al. 2016. Extreme learning machine for missing data using multiple imputations. Neurocomputing, 174: 220-231.

Squarcina L, Castellani U, Brambilla P. 2020. Multiple kernel learning//Machine Learning. Amsterdam: Elsevier: 141-156.

Stathopoulos A, Karlaftis M G. 2003. A multivariate state space approach for urban traffic flow modeling and prediction. Transportation Research Part C: Emerging Technologies, 11(2): 121-135.

Stephanedes Y J, Michalopoulos P G, Plum R A. 1981. Improved estimation of traffic flow for Real-Time control(Discussion and closure). Transportation Research Record, (795): 28-39.

Su H, Zhang L, Yu S. 2007. Short-term traffic flow prediction based on incremental support vector regression// Third International Conference on Natural Computation. Haikou, China: IEEE: 640-645.

Sun B, Ma L, Cheng W, et al. 2017. An improved k-nearest neighbours method for traffic time series imputation//2017 Chinese Automation Congress(CAC). Jinan, China: IEEE: 7346-7351.

Sun J, Zhang J, Li Q, et al. 2022a. Predicting citywide crowd flows in irregular regions using multi-view graph convolutional networks. IEEE Transactions on Knowledge and Data Engineering, 34(5): 2348-2359.

Sun M, Zhou P, Tian H, et al. 2022b. Spatial-temporal attention network for crime prediction with adaptive graph learning//International Conference on Artificial Neural Networks. Cham: Springer

Nature Switzerland: 656-669.

Tak S, Woo S, Yeo H. 2016. Data-driven imputation method for traffic data in sectional units of road links. IEEE Transactions on Intelligent Transportation Systems, 17(6): 1762-1771.

Talavera-Llames R, Pérez-Chacón R, Troncoso A, et al. 2018. Big data time series forecasting based on nearest neighbours distributed computing with Spark. Knowledge-Based Systems, 161: 12-25.

Tan H, Feng G, Feng J, et al. 2013. A tensor-based method for missing traffic data completion. Transportation Research Part C: Emerging Technologies, 28: 15-27.

Tang K, Chen S, Liu Z. 2018. Citywide spatial-temporal travel time estimation using big and sparse trajectories. IEEE Transactions on Intelligent Transportation Systems, 19(12): 4023-4034.

Teodorović D. 2008. Swarm intelligence systems for transportation engineering: Principles and applications. Transportation Research Part C: Emerging Technologies, 16(6): 651-667.

Thiagarajan A, Ravindranath L, LaCurts K, et al. 2009. Vtrack: Accurate, energy-aware road traffic delay estimation using mobile phones//Proceedings of the 7th ACM conference on embedded networked sensor systems. New York, UA: 85-98.

Tibshirani R. 2011. Regression shrinkage and selection via the lasso: A retrospective. Journal of the Royal Statistical Society: Series B(Statistical Methodology), 73(3): 273-282.

Tobler W R. 1979. Cellular Geography//Philosophy in Geography. Dordrecht: Springer Netherlands: 379-386.

Tonini F, Dillon W W, Money E S, et al. 2016. Spatio-temporal reconstruction of missing forest microclimate measurements. Agricultural and Forest Meteorology, 218-219: 1-10.

Tran D, Bourdev L, Fergus R, et al. 2015. Learning spatiotemporal features with 3D convolutional networks//2015 IEEE International Conference on Computer Vision(ICCV). Santiago, Chile: IEEE: 4489-4497.

Trelea I C. 2003. The particle swarm optimization algorithm: Convergence analysis and parameter selection. Information processing letters, 85(6): 317-325.

Tsapakis I, Cheng T, Bolbol A. 2013. Impact of weather conditions on macroscopic urban travel times. Journal of Transport Geography, 28: 204-211.

Tuppadung Y, Kurutach W. 2011. Comparing nonlinear inertia weights and constriction factors in particle swarm optimization. International Journal of Knowledge-based and Intelligent Engineering Systems, 15(2): 65-70.

Veličković P, Cucurull G, Casanova A, et al. 2017. Graph attention networks. arXiv preprint arXiv: 1710. 10903.

Vlahogianni E I. 2015. Optimization of traffic forecasting: Intelligent surrogate modeling. Transportation Research Part C: Emerging Technologies, 55: 14-23.

Vlahogianni E I, Golias J C, Karlaftis M G. 2004. Short-term traffic forecasting: Overview of objectives and methods. Transport Reviews, 24(5): 533-557.

Vlahogianni E I, Karlaftis M G, Golias J C. 2006. Statistical methods for detecting nonlinearity and non-stationarity in univariate short-term time-series of traffic volume. Transportation Research Part C: Emerging Technologies, 14(5): 351-367.

Vlahogianni E I, Karlaftis M G, Golias J C. 2007. Spatio-temporal Short-term urban traffic volume forecasting using genetically optimized modular networks. Computer-Aided Civil and Infrastructure Engineering, 22(5): 317-325.

Vlahogianni E I, Karlaftis M G, Golias J C. 2014. Short-term traffic forecasting: Where we are and where we're going. Transportation Research Part C: Emerging Technologies, 43: 3-19.

Walerian E, Janczur R, Czechowicz M. 2011. Efficiency of screen application in built-up area. Applied Acoustics, 72(8): 511-521.

Wan L, Hong Y, Huang Z, et al. 2018. A hybrid ensemble learning method for tourist route recommendations based on geo-tagged social networks. International Journal of Geographical Information Science, 32(11): 2225-2246.

Wang B, Lin Y, Guo S, et al. 2021d. GSNet: Learning spatial-temporal correlations from geographical and semantic aspects for traffic accident risk forecasting. Proceedings of the AAAI Conference on Artificial Intelligence, 35(5): 4402-4409.

Wang C, Zhu Y, Zang T, et al. 2021c. Modeling inter-station relationships with attentive temporal graph convolutional network for air quality prediction//Proceedings of the 14th ACM International Conference on Web Search and Data Mining. Virtual Event Israel: ACM: 616-634.

Wang J F, Haining R, Liu T J, et al. 2013. Sandwich estimation for multi-unit reporting on a stratified heterogeneous surface. Environment and Planning A, 45(10): 2515-2534.

Wang J H, Lin G F, Chang M J, et al. 2019. Real-time water-level forecasting using dilated causal convolutional neural networks. Water resources management, 33: 3759-3780.

Wang J, Ji J, Jiang Z, et al. 2022a. Traffic flow prediction based on spatiotemporal potential energy fields. IEEE Transactions on Knowledge and Data Engineering, 35(9): 15.

Wang J, Li X, Christakos G, et al. 2010. Geographical detectors‐based health risk assessment and its application in the neural tube defects study of the heshun region, China. International Journal of Geographical Information Science, 24(1): 107-127.

Wang J, Wang Z, Deng M, et al. 2021a. Heterogeneous spatiotemporal copula‐based kriging for air pollution prediction. Transactions in GIS, 25(6): 3210-3232.

Wang L, Geng H, Liu P, et al. 2015. Particle Swarm Optimization based dictionary learning for remote sensing big data. Knowledge-Based Systems, 79: 43-50.

Wang P, Zhang T, Hu T. 2024. Traffic condition estimation and data quality assessment for signalized road networks using massive vehicle trajectories. Journal of Ambient Intelligence and Humanized Computing, 15(1): 305-322.

Wang P, Zhang T, Zheng Y, et al. 2022b. A multi-view bidirectional spatiotemporal graph network for urban traffic flow imputation. International Journal of Geographical Information Science, 36(6): 1231-1257.

Wang P, Zhang Y, Hu T, et al. 2023. Urban traffic flow prediction: A dynamic temporal graph network considering missing values. International Journal of Geographical Information Science, 37(4): 885-912.

Wang S, Armstrong M P. 2009. A theoretical approach to the use of cyberinfrastructure in geographical analysis. International Journal of Geographical Information Science, 23(2): 169-193.

Wang S, Li Y, Zhang J, et al. 2020c. $PM_{2.5}$-GNN: A domain knowledge enhanced graph neural network for $PM_{2.5}$ forecasting//Proceedings of the 28th International Conference on Advances in Geographic Information Systems. Seattle, WA, USA: ACM: 163-166.

Wang X, Ma Y, Wang Y, et al. 2020b. Traffic flow prediction via spatial temporal graph neural network//Proceedings of the web conference 2020. NewYork: ACM: 1082-1092.

Wang Y, Feng L, Li S, et al. 2020a. A hybrid model considering spatial heterogeneity for landslide susceptibility mapping in Zhejiang Province, China. Catena, 188: 104425.

Wang Y, Zhang Y, Wang L, et al. 2021b. Urban traffic pattern analysis and applications based on spatio-temporal non-negative matrix factorization. IEEE transactions on intelligent transportation systems, 23(8): 12752-12765.

Wang Y, Zheng Y, Xue Y. 2014. Travel time estimation of a path using sparse trajectories//Proceedings of the 20th ACM SIGKDD international conference on Knowledge discovery and data mining-KDD '14. New York, USA: ACM: 25-34.

Wen H, Lin Y, Xia Y, et al. 2023. Diffstg: Probabilistic spatio-temporal graph forecasting with denoising diffusion models//Proceedings of the 31st ACM International Conference on Advances in Geographic Information Systems. New York: ACM: 1-12.

Wentz E A, Peuquet D J, Anderson S. 2010. An ensemble approach to space-time interpolation. International Journal of Geographical Information Science, 24(9): 1309-1325.

Wu C H, Ho J M, Lee D T. 2004. Travel-time prediction with support vector regression. IEEE transactions on intelligent transportation systems, 5(4): 276-281.

Wu C, Ren F, Hu W, et al. 2019a. Multiscale geographically and temporally weighted regression: Exploring the spatiotemporal determinants of housing prices. International Journal of Geographical Information Science, 33(3): 489-511.

Wu C, Song R, Zhu X, et al. 2023. A hybrid deep learning model for regional $O_3$ and $NO_2$ concentrations prediction based on spatiotemporal dependencies in air quality monitoring network. Environmental Pollution, 320: 121075.

Wu S, Wang Z, Du Z, et al. 2021. Geographically and temporally neural network weighted regression for modeling spatiotemporal non-stationary relationships. International Journal of Geographical Information Science, 35(3): 582-608.

Wu S, Yang Z, Zhu X, et al. 2014. Improved k-nn for short-term traffic forecasting using temporal and spatial information. Journal of Transportation Engineering, 140(7): 1-9.

Wu Z, Pan S, Long G, et al. 2019b. Graph wavenet for deep spatial-temporal graph modeling. arXiv preprint arXiv: 1906. 00121.

Xia D, Wang B, Li H, et al. 2016. A distributed spatial-temporal weighted model on MapReduce for short-term traffic flow forecasting. Neurocomputing, 179: 246-263.

Xia Y, Liang Y, Wen H, et al. 2024. Deciphering spatio-temporal graph forecasting: A causal lens and treatment. Advances in Neural Information Processing Systems, 36.

Xu C, Wang J, Hu M, et al. 2013. Interpolation of missing temperature data at meteorological stations using P-BSHADE. Journal of Climate, 26(19): 7452-7463.

Xu H, Gao Y, Hui Z, et al. 2023a. Language knowledge-assisted representation learning for skeleton-based action recognition. arXiv preprint arXiv: 2305. 12398.

Xu J, Tan P N, Luo L. 2014. ORION: Online regularized multI-task regression and its application to ensemble forecasting//2014 IEEE International Conference on Data Mining. Shenzhen, China: IEEE: 1061-1066.

Xu J, Tan P, Luo L, et al. 2016b. Gspartan: A geospatio-temporal multi-task learning framework for multi-location prediction//Proceedings of the 2016 SIAM International Conference on Data Mining. Philadelphia, USA. SIAM: 657-665.

Xu J, Tan P, Zhou J, et al. 2017. Online multi-task learning framework for ensemble forecasting. IEEE Transactions on Knowledge and Data Engineering, 29(6): 1268-1280.

Xu J, Zhou J, Tan P N, et al. 2016a. Wisdom: Weighted incremental spatio-temporal multi-task learning via tensor decomposition//2016 IEEE International Conference on Big Data(Big Data). Washington, D.C., USA: IEEE: 522-531.

Xu L, Chen N, Chen Z, et al. 2021. Spatiotemporal forecasting in earth system science: Methods, uncertainties, predictability and future directions. Earth-Science Reviews, 222: 103828.

Xu Y, Han L, Zhu T, et al. 2023b. Generic dynamic graph convolutional network for traffic flow forecasting. Information Fusion, 100: 101946.

Yan J, Mu L, Wang L, et al. 2020. Temporal convolutional networks for the advance prediction of

ENSO. Scientific reports, 10(1): 8055.

Yang X, DelSole T. 2012. Systematic comparison of ENSO teleconnection patterns between models and observations. Journal of climate, 25(2): 425-446.

Yang Y, Yang J, Xu C, et al. 2019. Local-scale landslide susceptibility mapping using the B-GeoSVC model. Landslides, 16: 1301-1312.

Yao H, Tang X, Wei H, et al. 2019. Revisiting spatial-temporal similarity: A deep learning framework for traffic prediction//Proceedings of the AAAI conference on artificial intelligence. Honolulu, Hawaii, USA: AAAI: 5668-5675.

Yao H, Wu F, Ke J, et al. 2018. Deep multi-view spatial-temporal network for taxi demand prediction//Proceedings of the AAAI conference on artificial intelligence. New orleans, Louisiana, USA: AAAI.

Yao S, Huang B. 2023. Spatiotemporal interpolation using graph neural network. Annals of the American Association of Geographers, 113(8): 1856-1877.

Yi X, Zheng Y, Zhang J, et al. 2016. ST-MVL: Filling missing values in geo-sensory time series data//Proceedings of the Twenty-Fifth International Joint Conference on Artificial Intelligence. New York, NY, USA: 9-15.

Yi Z, Liu X C, Markovic N, et al. 2021. Inferencing hourly traffic volume using data-driven machine learning and graph theory. Computers, Environment and Urban Systems, 85: 101548.

Yozgatligil C, Aslan S, Iyigun C, et al. 2013. Comparison of missing value imputation methods in time series: The case of Turkish meteorological data. Theoretical and applied climatology, 112: 143-167.

Yu B, Song X, Guan F, et al. 2016a. K-nearest neighbor model for multiple-time-step prediction of short-term traffic condition. Journal of Transportation Engineering, 142(6): 04016018.

Yu B, Yin H, Zhu Z. 2017a. Spatio-temporal graph convolutional networks: A deep learning framework for traffic forecasting. arXiv preprint arXiv: 1709. 04875.

Yu H F, Rao N, Dhillon I S. 2016b. Temporal regularized matrix factorization for high-dimensional time series prediction. Advances in neural information processing systems, 29.

Yu H, Wu Z, Wang S, et al. 2017b. Spatiotemporal recurrent convolutional networks for traffic prediction in transportation networks. Sensors, 17(7): 1501.

Yu Q, Miche Y, Eirola E, et al. 2013. Regularized extreme learning machine for regression with missing data. Neurocomputing, 102: 45-51.

Yu S, Xia F, Li S, et al. 2023. Spatio-temporal graph learning for epidemic prediction. ACM Transactions on Intelligent Systems and Technology, 14(2): 1-25.

Yue T X, Du Z P, Song D J, et al. 2007. A new method of surface modeling and its application to

DEM construction. Geomorphology, 91(1-2): 161-172.

Yue T X, Wang S H. 2010. Adjustment computation of HASM: A high-accuracy and high-speed method. International Journal of Geographical Information Science, 24(11): 1725-1743.

Yue Y, Yeh A G O. 2008. Spatiotemporal traffic-flow dependency and short-term traffic forecasting. Environment and Planning B: Planning and Design, 35(5): 762-771.

Zeng H, Zhu Q, Ding Y, et al. 2022. Graph neural networks with constraints of environmental consistency for landslide susceptibility evaluation. International journal of geographical information science, 36(11): 2270-2295.

Zhang B, Cheng S, Zhao Y, et al. 2023b. Inferring intercity freeway truck volume from the perspective of the potential destination city attractiveness. Sustainable Cities and Society, 98: 104834.

Zhang B, Xing K, Cheng X, et al. 2012. Traffic clustering and online traffic prediction in vehicle networks: A social influence perspective//2012 Proceedings IEEE: Infocom. Orlando, FL: IEEE, 495-503.

Zhang D, Zhao J, Zhang F, et al. 2015. CoMobile: real-time human mobility modeling at urban scale using multi-view learning//Proceedings of the 23rd SIGSPATIAL International Conference on Advances in Geographic Information Systems-GIS '15. Seattle, Washington, USA: ACM: 1-10.

Zhang H, Liu Y, Xu Y, et al. 2023a. An improved convolutional network capturing spatial heterogeneity and correlation for crowd flow prediction. Expert Systems with Applications, 220: 119702.

Zhang J, Huan J. 2012. Inductive multi-task learning with multiple view data//Proceedings of the 18th ACM SIGKDD international conference on Knowledge discovery and data mining-KDD '12. New York, USA: ACM: 543.

Zhang J, Zheng Y, Qi D, et al. 2016. DNN-based prediction model for spatio-temporal data//Proceedings of the 24th ACM SIGSPATIAL International Conference on Advances in Geographic Information Systems-GIS '16. New York, USA: ACM: 1-4.

Zhang J, Zheng Y, Qi D, et al. 2018. Predicting citywide crowd flows using deep spatio-temporal residual networks. Artificial Intelligence, 259: 147-166.

Zhang J, Zheng Y, Qi D. 2017. Deep spatio-temporal residual networks for citywide crowd flows prediction//Proceedings of the 31th AAAI conference on artificial intelligence. San Francisco: AAAI.

Zhang J, Zheng Y, Sun J, et al. 2019. Flow prediction in spatio-temporal networks based on multitask deep learning. IEEE Transactions on Knowledge and Data Engineering, 32(3): 468-478.

Zhang K, He F, Zhang Z, et al. 2021a. Graph attention temporal convolutional network for traffic speed forecasting on road networks. Transportmetrica B: transport dynamics, 9(1): 153-171.

Zhang L, Liu Q, Yang W, et al. 2013. An improved k-nearest neighbor model for short-term traffic flow prediction. Procedia-Social and Behavioral Sciences, 96: 653-662.

Zhang L, Na J, Zhu J, et al. 2021b. Spatiotemporal causal convolutional network for forecasting hourly $PM_{2.5}$ concentrations in Beijing, China. Computers & Geosciences, 155: 104869.

Zhang P, Huang Y, Shekhar S, et al. 2003. Correlation analysis of spatial time series datasets: A filter-and-refine approach BT-advances in knowledge discovery and data mining//Pacific-Asia Conference on Knowledge Discovery and Data Mining. Berlin: Springer: 532-544.

Zhang T, Liu J, Wang J. 2022. Rainstorm prediction via a deep spatio-temporal-attributed affinity network. Geocarto International, 37(26): 13079-13097.

Zhao J, Jia L, Chen Y, et al. 2006. Urban traffic flow forecasting model of double RBF neural network based on PSO//Sixth International Conference on Intelligent Systems Design and Applications. Jinan, China: IEEE: 892-896.

Zhao L, Song Y, Zhang C, et al.2020.T-GCN: A temporal graph convolutional network for traffic prediction. IEEE Transactions on Intelligent Transportation Systems, 21(9): 3848-3858.

Zhao L, Sun Q, Ye J, et al. 2015. Multi-task learning for spatio-temporal event forecasting//Proceedings of the 21th ACM SIGKDD international conference on knowledge discovery and data mining. New York: ACM: 1503-1512.

Zhao Z, Tang L, Fang M, et al. 2023. Toward urban traffic scenarios and more: A spatio-temporal analysis empowered low-rank tensor completion method for data imputation. International Journal of Geographical Information Science, 37(9): 1936-1969.

Zheng C, Fan X, Wang C, et al. 2020. GMAN: A graph multi-attention network for traffic prediction. Proceedings of the AAAI Conference on Artificial Intelligence, 34(1): 1234-1241.

Zheng V W, Zheng Y, Xie X, et al. 2010. Collaborative location and activity recommendations with gps history data//Proceedings of the 19th international conference on World wide web. New York: ACM: 1029-1038.

Zheng Y. 2015. Methodologies for cross-domain data fusion: An overview. IEEE transactions on big data, 1(1): 16-34.

Zheng Y, Capra L, Wolfson O, et al. 2014a. Urban computing. ACM Transactions on Intelligent Systems and Technology, 5(3): 1-55.

Zheng Y, Liu F, Hsieh H. 2013. U-Air//Proceedings of the 19th ACM SIGKDD international conference on Knowledge discovery and data mining-KDD '13. New York, USA: ACM: 1436.

Zheng Y, Liu T, Wang Y, et al. 2014b. Diagnosing New York city's noises with ubiquitous data//Proceedings of the 2014 ACM International Joint Conference on Pervasive and Ubiquitous

Computing-UbiComp '14. New York, USA: ACM: 715-725.

Zheng Y, Yi X, Li M, et al. 2015. Forecasting fine-grained air quality based on big data//Proceedings of the 21th ACM SIGKDD International Conference on Knowledge Discovery and Data Mining-KDD '15. New York, USA: ACM: 2267-2276.

Zheng Z, Su D. 2014. Short-term traffic volume forecasting: A k-nearest neighbor approach enhanced by constrained linearly sewing principle component algorithm. Transportation Research Part C: Emerging Technologies, 43: 143-157.

Zhou F, Li L, Zhang K, et al. 2021. Urban flow prediction with spatial-temporal neural ODEs. Transportation Research Part C: Emerging Technologies, 124: 102912.

Zhou J, Cui G, Hu S, et al. 2020. Graph neural networks: A review of methods and applications. AI open, 1: 57-81.

Zhou X, Shekhar S, Ali R Y. 2014. Spatiotemporal change footprint pattern discovery: An inter‐disciplinary survey. Wiley Interdisciplinary Reviews: Data Mining and Knowledge Discovery, 4(1): 1-23.

Zhou X, Shekhar S, Mohan P, et al. 2011. Discovering interesting sub-paths in spatiotemporal datasets: A summary of results//Proceedings of the 19th ACM SIGSPATIAL international conference on advances in geographic information systems. New York, USA: ACM: 44-53.

Zhou Z H. 2012. Ensemble methods: Foundations and Algorithms. Boca Raton: CRC press.

Zhu D, Cheng X, Zhang F, et al. 2020. Spatial interpolation using conditional generative adversarial neural networks. International Journal of Geographical Information Science, 34(4): 735-758.

Zhu J. 2013. Spatio-temporal heterogeneity: Concepts and analyses by DUTILLEUL, PRL. Biometrics, 69(2): 557-558.

Zhu L, Gorman D M, Horel S. 2006a. Hierarchical bayesian spatial models for alcohol availability, drug"hot spots" and violent crime. International Journal of Health Geographics, 5(1): 1-12.

Zhu Q, Qian L, Li Y, et al. 2006b. An improved particle swarm optimization algorithm for vehicle routing problem with time windows//2006 IEEE International Conference on Evolutionary Computation. Vancouver, BC: IEEE: 1386-1390.

Zonoozi A, Kim J, Li X L, et al. 2018. Periodic-CRN: A convolutional recurrent model for crowd density prediction with recurring periodic patterns. IJCAI, 18: 3732-3738.

Zou H, Yue Y, Li Q, et al. 2012. An improved distance metric for the interpolation of link-based traffic data using kriging: A case study of a large-scale urban road network. International Journal of Geographical Information Science, 26(4): 667-689.

# 编　后　记

"博士后文库"是汇集自然科学领域博士后研究人员优秀学术成果的系列丛书。"博士后文库"致力于打造专属于博士后学术创新的旗舰品牌，营造博士后百花齐放的学术氛围，提升博士后优秀成果的学术影响力和社会影响力。

"博士后文库"出版资助工作开展以来，得到了全国博士后管委会办公室、中国博士后科学基金会、中国科学院、科学出版社等有关单位的大力支持，众多热心博士后事业的专家学者给予积极的建议，工作人员做了大量艰苦细致的工作。在此，我们一并表示感谢！

"博士后文库"编委会